你现在所有迷茫皆因自制力不强

李庆南 著

国家一级出版社 中国纺织出版社 全国百佳图书出版单位

内　容　提　要

自制力是每个人必备的能力之一，它能为人们带来巨大的精神力量。一个人的身心健康、人际关系、生活以及工作等，无一不受自制力的影响。提高自制力，告别迷茫人生，必将成为更优秀的自己。

本书从自我管理、情绪管理、时间管理等方面阐述自制力，深入解答了什么是自制力以及如何提高自制力等问题，从而教你学会游刃有余地掌控自己并创造美好的人生。

图书在版编目（CIP）数据

你现在所有迷茫，皆因自制力不强 / 李庆南著. —北京：中国纺织出版社，2018.11（2019.3重印）

ISBN 978-7-5180-5396-4

Ⅰ.①你…　Ⅱ.①李…　Ⅲ.①成功心理—通俗读物　Ⅳ.①B848.4-49

中国版本图书馆CIP数据核字（2018）第211444号

责任编辑：闫　星　　特约编辑：王佳新　　责任印制：储志伟

中国纺织出版社出版发行

地址：北京市朝阳区百子湾东里A407号楼　邮政编码：100124

销售电话：010—67004422　传真：010—87155801

http：//www.c-textilep.com

E-mail：faxing@c-textilep.com

中国纺织出版社天猫旗舰店

官方微博http://weibo.com/2119887771

三河市延风印装有限公司印刷　各地新华书店经销

2018年11月第1版　2019年3月第2次印刷

开本：880×1230　1/32　印张：8.5

字数：171千字　定价：39.80元

前　言

我们身边，总有一些人每天过着迷茫的生活，根本不知道自己需要什么，或者，他们只会抱怨：为什么别人能够成功，自己却碌碌无为呢？事实上，你现在所有的迷茫，皆因自制力不强。

许多人很容易将自制力理解为自律、自我约束，实际上，自制力就是自我控制的能力。简而言之，自制力就是可以完全自觉地、有意识地控制自己的情绪、支配自我行动的能力，是一个人意志力和情商的重要体现。

自制力，一方面在于约束、规范自己的行为，迫使自己去做应该做的事情；另一方面在于懂得控制内心的欲望，让理性战胜感性。不管是生活还是工作，随处可见自制力的影子，每天早上应该七点起床，非要等到七点四十才爬起来，这就是缺乏自制力；明明还有一堆重要的工作要做，但是总管不住自己玩手机的欲望，这也是缺乏自制力。自制力无时无刻不在影响着我们的生活和工作，人们总埋怨生活非常糟糕，其实就是因为管不住自己。相反，自控力较强的人，通常不会放纵自己，他们不会由着性子去做“高兴的事”，他们会理性地分析这件事到底值不值得去做。自控力强的人即便在平时的生活中，说话做事也不会图一时的心情，而是会慎重考虑。

人们往往会将自制力与自由联系在一起，甚至误以为自制和自由是相斥的。其实不然。所谓的完全的自由，其实是失控。换句话说，你越是放纵，你自以为的自由，其实恰恰是不自由。当一个人总是由着性子做事情，丝毫不考虑后果，不控制自身的行为，那么事情就会朝着失控的方向发展，未来的一切都是他不能控制的，最终只会导致不自由的生活。相反，一个善于自制的人，他在决定去做一件事情时就会考虑清楚，并在事情发展过程中控制自己的行为，使得事情朝着计划的方向发展，未来的一切都在可控范围之内，最终他会有更多选择的自由，所以，正因为懂得自制，才会更自由。

人生路途多曲折，更需要人们以良好的自制力去应对。很多时候，我们都需要懂得控制自己，修正身心，以获得更成功、更美好的人生。

编著者

2018年1月

目　录

无法自控，人生会脱离缰绳

自控是一种意志，一种历练，一种节制，一种忍耐。生活中，大凡有所作为，能够获取更大成功的人，一定是懂得自控的人；一个懂得自控的人，也往往是生活的强者和自己命运的主宰者。

生活很糟糕，因为无法自控

生活中，有多少人能够很好地控制自己呢？想必很多人都无法肯定地回答说："我自控力很好。"什么是自控能力？自控能力就是一个人控制自己思想感情和举止行为的能力。人之所以区别于动物的根本点之一，就在于人是有思想的，所以能够按照一定的目的，理智地控制自己的感情和行动。

自控是一种力量，自控让一个人头脑冷静、判断准确。当然，因自控的人充满自信，所以也更容易赢得别人的信任。只要一个人可以下定决心，决心就会为其自制行为提供力量与后援，成为可以支配自我，控制情感、欲望和恐惧心理的人，这样的人往往更容易获得成功，取得更有价值的进步。

当张飞得知关羽被东吴杀害之后，非常悲痛。毕竟桃园三结义，三人之间有着非比寻常的手足情谊，现在兄长被杀，张飞万分悲痛也在情理之中。不过，他完全悲伤到不能自已，且任由悲痛情绪无限蔓延，感染了军中的一众将士，也包括刘备。

得知关羽被杀之后，张飞恨不得马上杀到东吴，让其血流成河，情绪失控到要杀自己兄弟的程度。他先是向将士发出"限三日之内置办白旗白甲，三军披孝伐吴”的命令，完全不考虑是否可以完成这个任务。结果当范疆、张达表示为难的时候，张飞便是一顿鞭打，更口出威胁之言。张飞已经完全丧失了理智，最后因醉酒，被范疆、张达刺死在营帐。

不能自控的张飞不仅为自己招来了杀身之祸，还深深地影响了刘备。在悲愤的情绪涌动之下，刘备准备出兵伐吴，当时诸葛亮分析了当前的形势：如果任由愤怒的情绪发泄，当然需要为关羽报仇雪恨；如果要为大局着想，则应以伐魏为先。本来刘备在诸葛亮的苦劝之下情绪已经有所克制，但经张飞一事，情绪又开始失控，并在冲动之下作出出兵东吴的错误决定，结果在这场战争中蜀汉的力量被大幅度削弱，这为蜀汉后来的衰落埋下了伏笔。

一个人应该学会控制自己的情绪，尤其是当生气的因子在大脑里奔涌时，这时控制自己的思想和言语是很有必要的。自控力稍差的人就会沦为情绪的奴隶，负面情绪席卷而来，不仅让自己烦躁，也会给身边人带来不好的影响。无法完全控制和主宰自己的人，命运不会掌握在他自己的手里。

肖军的父亲以前是职业军人，非常强势，肖军几乎是被父亲揍大的，父亲要求他做什么就得做什么，否则就得挨一顿揍。母亲也是一个很能干的女人，包括读书、毕业后的工作都是母亲安排的。由于父母都比较强势，因此肖军离开家庭、独立工作的时候，由于缺乏父母的管制，根本没办法坚持做好一件事。

肖军毕业后在一家公司上班，刚开始肖军很勤快，办事也深得领导赞赏。但是没过多久，他就开始懒惰了，早上不按时上班，找准机会就偷懒，尽管一些事情办得还可以，但由于不能坚持到底，总是留了一点没处理好。结果本来可以做得很好的事情，却被他搞了个虎头蛇尾。

后来老板派肖军去开拓新市场，并为他配备了一辆车。由于老板很信任他，也没怎么盯着工作，只是每周例行询问一下进展，肖军回答得有理有据、头头是道。过了两个月，老板发现好像工作没有一点进展，在没有知会肖军的情况下突然去了工作地点，才发现肖军根本没有开车出去跑市场，天天在家里玩。被老板知道真相后，肖军被炒了鱿鱼。

像肖军这样从小就没有培养自控力的人，一旦进入到独立宽松的工作环境后，他整个人就会完全失控，无法自制。尽管他聪明，领悟能力也比较强，但坏就坏在他缺乏自制力，哪怕他自控能力稍微好一些，也会有不一样的前途。

那么，如何有效提高自控力呢？

1.思想素质

人的自制力在一定程度上取决于他们的思想素质。一般来说，具有崇高理想抱负的人决不会为区区小事而感情冲动以产生不良行为。因此，要提高自制力最根本的方法是树立正确的世界观、人生观，保持乐观向上的健康情绪。

2.文化素养

一般来说，一个人的文化素养同其承受能力和自控能力成正比。文化素质比较高的人往往能够比较全面正确地认识事物，认识自我和他人的关系，自觉地进行自我控制、自我完善。

3.稳定情绪

用合理发泄、注意力转移、迁移环境等方法，把将要引发冲动的情绪宣泄和释放出来，保持情绪稳定，避免冲动。

4.自我意识

遇事要沉着冷静，自己开动脑筋，排除外界干扰，要学会自主决断，要彻底摆脱那种依赖别人的心理，克服自卑，培养自信心和独立性。

5.注重实践

一方面要加强学习，积累知识，开阔视野，用知识来武装和充实自己，提高自己分析问题和解决问题的水平，并通过学习别人的经验来扩展自己决断事情的能力；另一方面，要积极投身到生活实践中去，刻苦锻炼，不断丰富经验，提高自己的适应能力。

6.意志力量

要培养自己性格中意志独立的良好品质，对自己奋斗的目标要有高度的自觉。只要是你经过自己的实践认准的事，就应义无反顾地走下去，想方设法达到预期目的。不必追求任何事情都做得十全十美，不必苛求自己没有一点失败，不必过多地注意别人怎样议论你。

7.你需要什么

当需要不能同时兼顾时，抑制一些不可能实现的需要。如古人所云："鱼我所欲也，熊掌亦我所欲也，二者不可兼得，舍鱼而取熊掌也。"

8.积极思维

俗话说："凡事预则立，不预则废。"平时要注意经常思考问题，增强预见性，关键时刻才能及时、果断、准确地作出选择。

☞ 自控小贴士

当然，一个人可以自我控制的秘密源于其思想，常常在大脑里思考的东西，往往会慢慢地渗透到生活的角落里去。假如我们成为自己思想的主人，就能够控制自己的思维、情绪和心态，也就能够控制生活中可能会出现的情况。

真正的自控在于战胜自己

人生最大的敌人是自己，只要战胜了自己，你就跨过了人生中最大的栅栏。

在这个世界上，最了解你的人就是你自己，人生中最大的敌人同样是自己，一切困难的产生都源自我们的心中，当我们明白所有的折磨和障碍全部是自己制造的时候，我们就有机会真正地克服它、战胜它。

孟子说，“天将降大任于斯人也，必先苦其心志，劳其筋骨，饿其体肤，空乏其身……”上天折磨我们正是要降我们以大任。如果我们在折磨中能够保持乐观的心境，磨炼出更加坚强的意志，那等到大任到来的那一天，我们就能更加从容淡定，沉着应对。如果我们一直待在安乐窝里，那么，面对大任时，我们就会感到茫然无所适从，面对大任中的困难我们就会退却，失去成大事的基本素质。所以，我们要面对折磨，锻炼更坚强的意志。

正德年间，朱宸濠起兵十万攻下九江与南康，当时王阳明正准备前往赣州，因为他知道宁王起兵只能在赣州，他决定去找曾经一起作战且非常了解的伍文定。但是，当他打算坐船去那里的时候，突遭遇南风，因为赣江要向北流，赣州在南而南风逆行，所以船根本走不动，而这时朱宸濠已经知道王阳明的行踪，并派兵来追击。前路不通，后有追兵，王阳明在绝境之中向上苍祷告：如果上天眷顾天下苍生，就让风向改为北风吧，说来也巧，等他祷告完了，风向果然变了。

尽管风向变了，但船还是无法行驶，因为船工害怕追兵，王阳明无奈之下只好拔剑将船工的耳朵割下，虽然这样，船还是走得很慢，完全没办法摆脱追兵。就在这危急关头，王阳明有了主意，他与自己的谋士雷济一起跳上小渔船走了。在上渔船的时候，他又担心还在大船上的夫人与儿子，但是如果不及时离开，那就无法摆脱朱宸濠的追兵。情急之下，王阳明的夫人拔出剑，逼迫其乘坐渔船离开。等到朱宸濠的追兵赶到后，发现船上根本没有王阳明。

尽管处境艰难，但王阳明还是战胜了自我，以自己的聪明才智摆脱了困境。恐惧源自于想象，折磨源自于内心，内心的屈辱感，对现实的恐惧，对未来的绝望，比残酷的现实更加折磨人。世界上自杀最多的人是诗人、画家、哲学家，并不是因为他们面对了更多的折磨，而是他们感知折磨的心最敏感。内心不敏感，不足以捕捉生活中的异相，成就作品；内心过于敏感，就更容易感知痛苦、折磨，更容易厌世、轻生。

1.什么在折磨你

折磨分为两个方面，一方面是你的肉体实际受到的折磨，另一方面是你的内心对这种折磨的感知程度。我们内心的屈辱、恐惧、绝望就是一个放大镜，它会让你受到的实际折磨无限扩大，直到你觉得无法承受。

2.内心的感知

一个人最大的敌人就是自己，最大的折磨，就是内心的感知。这并不是要我们麻木无知，而是要我们锻炼心理的承受能力。既然折磨是我们人生中不可缺少的一部分，那就让自己享受折磨，在折磨中变得更加坚强，更加沉着和成熟，收获更加坚韧丰富的人生。

☞ 自控小贴士

人生会受多少的磨难，不是生活给了你多少折磨，而是你的内心怎样对待它。只要我们拥有宽广的心胸，坚强的意志，乐观的精神，就能够笑着面对任何苦难和折磨，就能把折磨我们的地狱，变成天堂。

不能自控，在于不了解自我

老子曰："知人者智，自知者明。"意思是，了解他人的人聪明，能了解自己的人明智。先说自知，知之始己，自知而后知人。如果你想了解别人，那首先必须了解自己。一个人名声的好坏、能力的高低，是别人对此人的外表下的定义，根本就不是这个人的本质，自己真正的能力，只有自己心里最清楚。而我们所缺乏的就是：自我认知的能力，只有清楚地认知了自己，才有可能获得成功的人生。然而，一个人最难认知的就是自己的内心，最难以回答的就是：我是谁？我想要的生活是什么？不过，当你清楚地认知了自己，就能够在这个世界上找到最基本的出发点，就能够去善待他人。

我们之所以无法了解到真实的自我，大部分原因在于我们容易受外界信息的影响，如他人的言行等。在那些来自外界信息的暗示下，我们就有可能出现自我知觉的偏差，好似看着杰克浑身很脏，就以为自己身上也很脏。因此，要想真正地看清自己，我们需要避免陷入别人眼光的谜团中，让自己成为自己的镜子。

当一个人的情绪处于低落、失意的时候，会对生活失去控制，于是，他内心的安全感也会受到影响。一个人若是缺乏安全感，其心理的依赖性将会大大增强，比较容易受他人言行的信息暗示。所以，当对方说出无关痛痒的一段话时，我们很容易“对号入座”，其实，这就是一种心理倾向。在日常生活中，这还将影响到我们对自己作出真实的判断。

我们应该学会面对自己，不要因为自己有“缺陷”或者自己认为那是缺陷，就通过自己的方法将缺陷掩盖起来，这样的掩盖方式极其愚蠢。试想，当你把自己的眼睛蒙上时，你就真的掩盖了自己的缺陷了吗？因此，无论是自身的缺陷还是优点，我们都应该正确看待，因为面对自己是认识自己的必经之路。

认知自我是一种胜不骄败不馁的从容，需要冷静的思考，这样才有机会赢得最后的成功；认知自我是一种高度自立的洒脱的生活方式，看清生命的本真，创造出属于自己的人生价值；认知自我是一种责任心的高度反省，将勇气与真诚注入自己的言行中，认清前面的方向。所以，我们要常常剖析内心，在忙碌之后不忘与自己进行一次深入的交谈，从而拥有自我认知的能力。

☞ 自控小贴士

事实上，在现实生活中，我们既不能时刻反省自己，看清自己，也不能把自己放在局外人的位置来观察自己。在大多数的时候，我们只能借助外界的一些信息来认识自己，所以，我们在认识自己时很容易受到外界信息的暗示，迷失在环境中，并习惯性地把他人的言行作为自己行动的参照。

自我完善，修炼自控力

善于自控的人，总是在不断完善自我，从而修炼持久的自控力。一个人如果想取得一番成就，实现心中的梦想，就必须下决心克服自己身上的那些弱点和缺点，尽可能地弥补缺陷，修炼自己的心灵，完善自己的人格，这样才能成就人生的理想和事业。每个人都有另外一个我，深深地藏在心中，不为人知，这就是真实的自己。如果人们想找回真正的自己，需要不断完善自己，克服弱点，这样才能成为真正的自己。

想征服世界，就需要进行不断的自我完善。人生就是一个不断完善和超越自我的过程，虽然我们不可能凡事都做到尽善尽美，但是，我们应该努力让自己更好一点，努力去追求完美。只有向前努力了，生活才会给予你相同的回报，俗话说：“尺有所短，寸有所长。”我们只有真正了解自己的长处与短处，才能避己所短，扬己所长，这样才能给自己的人生进行准确定位。因为，当我们认识到自己的不足之处时，才能不断完善自己，这才是进步的开始。

在美国第一任总统华盛顿的纪念碑旁竖着一块小石头，上面这样写着：“美国不建立贵族和皇室封号，也不要世袭制度，国家事物概由人民投票公决。”这几句话表达了美国人民追求民主、自由、幸福的强烈的内心愿望，即使美国已经完全独立了，但它依然需要人民的支持与监督。在生活中，我们每个人都有自己的不足之处，只有不断地学习别人的长处，弥补自己的不足之处，我们才能完善自己的缺陷，努力让自己更好一点。当然，如果你总是感觉完善自己、向他人学习是一件丢脸的事情，那么，你只会因为你那不懂装懂的样子而更加丢脸。

在美国有位很有钱的富翁，但是，他得不到别人的尊重，为此，他很苦恼，每天都想着如何才能受到他人的敬仰。一天，富翁在街道上散步，看到旁边有一个衣衫褴褛的乞丐，他心想自己机会来了。于是，富翁便在乞丐的破碗中丢下了一枚金币，可是，乞丐头也不抬，自己忙着捉虱子，富翁感到很生气：“你眼睛瞎了吗？没看到我给你的金币？”乞丐还是没有正眼瞧他，回答说：“给不给是你的事，不高兴你可以要回去。”富翁很生气，又丢了十个金币在乞丐的碗中，心想这一次乞丐一定会趴着向自己道谢，却不料，那个乞丐还是对他不理不睬。

富翁几乎要跳起来了，咆哮道：“我给了你十个金币，你看清楚，我是有钱人，好歹你也尊重我一下，道个谢你都不会？”乞丐懒洋洋地回答：“有钱是你的事，尊不尊重则是我的事，这是强求不来的。”富翁一下子着急了：“那么，我将我的一半财产分给你，能不能请你尊重我呢？”乞丐翻着白眼看着他，说：“给我一半财产，那我不是和你一样有钱了吗？为什么要我尊重你。”一着急，富翁说道：“好，我将所有的财产都给你，这下你可愿意尊重我了？”乞丐回答道：“你将财产都给我，那你就成了乞丐，而我成了富翁，我凭什么要尊重你？”富翁一下子好像明白了什么，他抓住乞丐的手，真诚地说了一句：“谢谢你！”乞丐也改变了之前的态度，睁着眼睛说：“不用客气，您请慢走。”

如果一个人只看到了别人的缺点，却看不到别人的长处，对于这样的人，乞丐也不会尊重他。俗话说“三人行必有我师”，哪怕是一个乞丐，在他身上也同样有值得我们学习的地方。自我完善就是一个不断学习的过程，只要我们善于学习，能看到别人的长处，懂得取他人所长补己之短，努力使自己变得更好一点，那么，总有一天你会成为一个成功者。

在生活中，无论遇到什么样的人，我们都应该主动去倾听对方的想法和建议，在这一过程中，你会发现自己总是能够从别人的意见中受到启发，能够学到一些利于自己成长的经验。我们永远要记住“山外有山，天外有天”，在对方身上可能有着自己没有的优点，而虚心地学习对方的长处，能够弥补自己的不足，从而完善自己。

成功者不会在生活达到某一点就表示自己已经满足了，正是因为他们时常超越自己，所以才赢得了最后的成功。如果我们总是自满自足、不思进取，那么无论是生活还是人生都将从此开始衰落。

☞ **自控小贴士**

每天早上起床时，我们要下决心力求在每一件事上都要比昨天有所进步。当我们把事情做得比昨天更好些，就这样，每天向前走几步，一段时间过去之后，你就会发现，自己已取得惊人的进步，这就是自控的力量。

自我学习，以他人之长补己之短

古人云：“弟子不必不如师，师不必贤于弟子。”每个人都有值得称赞的长处，令人骄傲的地方，但是，许多人习惯于以己之长来比他人之短，常常瞧不起其他人而满足于自己的现状。时间长了，别人都有所进步，他们依然在原地踏步，这是为什么呢？事实上，我们要想不断地取得进步，就应该多看到别人的优点，想到人家的长处，再看看自己的短处，认真思考如何去弥补自己的不足之处，学习他人之长，补自己之短，这样你才会不断地获得进步。有的人简单地认为那些各方面都比自己优秀的人才是自己学习的对象。其实，这样的理解是有偏差的，每个人有长处也有短处，有可能别人的长处就是我们的短处，这是很正常的。

任何一个人，他身上都有我们值得学习的地方，这样"择其善者而从之"，会让我们变短处为长处，在人生的道路上取得成功。我们要勇于剖析自身的不足，向他人学习，以他人之长比己之短，不满足于一知半解，乐于虚心向他人请教。当你懂得了学他人之长，来补己之短后，一定会成长得更快！

在我们身边并没有那种很完美的人值得我们去学习，我们只需要在每一个人身上学得一个长处，就会变得很完美了。学习本没有止境，我们要善于借他人之长，补己之短，这才是终身学习的方法。风筝本来不能飞翔，却借东风之力飞上了天，我们在学习的过程中，不能拘泥于自己的想法和偏见，一意孤行，而要学会学习别人的长处，这样你才会在学习的过程中有所进步，反之，那些拿己之长比他人之短的人，最终只会在原地踏步。

水因为太满会溢出来，人也会一样，当一个人太自满了，只会令他丧失了原有的价值，成功也会离他越来越远。

☞ 自控小贴士

孔子是伟大的圣人，他尚且提倡“不耻下问”，以此来弥补自己某些方面的不足，更何况是普通的我们呢？我们常说：骄傲使人落后，虚心使人进步，所以，无论你处于一个什么样的位置，都要学会“以他人之长比己之短”，促使自己不断地进步，最终获得成功。

自我意识，练就强大的内心

一个优秀的人，你所看到的他的优秀只是他的外部而已，你所看不到的是他内在的高度自律和强烈的自我意识。一般而言，感受力高的人有更多的自我意识，即他可以意识到自己的心理变化过程，从而意识到问题的存在。

心理平衡的自我管理技巧

相互攀比的心理在每个人的心中都存在，即使你拥有豁达的胸怀，只要你是一个积极进取的人，这种好胜之心就会让你在跟别人的比较中或多或少地失去平稳的心态，失去本来的自我。

在这个浮躁的社会中，我们自己生活在这个坐标系的原点。把握好自己的心态，不必在乎他人的财富胜我多少、才气高我几许，因为人与人是有差别的，或许是天壤之别。能够明白“人比人，气死人”的道理，就会洒脱许多，开心许多，轻松许多，这也是生活中的一大平衡术。

各人的成长环境不同，天资不同，在若干年后，术业有专攻的局面必然会呈现。用自己的长项和别人的短项比，顿感优越感十足；而看到别人在哪方面都比自己强，自己无法企及，就失魂落魄、垂头丧气，这样的人未免活得太累了。一个人心理的平衡就这样轻易地被打破，哪还有安宁和快乐可言？

不随意贬低别人，也不因为别人的才学而感到自卑。一味想着表现自己的人，在你夸耀自己的同时，你的心就已经失去了平衡，就已开始在伤害别人，最终很可能也会伤害自己。

我们常说职业不分贵贱，就像船夫会划船、诗人会作诗一样，各自有各自的本领，不必过分炫耀或羡慕。生活中，我们会听到很多抱怨，什么别人穿得比自己漂亮、吃得比自己讲究、住得比自己舒适之类的。还有乡村的羡慕城市的，钱少的羡慕钱多的，位低的羡慕位高的，权轻的羡慕权重的……

仔细想想吧，当你在羡慕或嫉妒别人时，你身边又有多少人在羡慕你有一份酬劳可观的工作或者有一个幸福美满的家庭呢？世间不如意事常八九，每个人的人生道路都不可能平平坦坦，毫无波澜。如果自己都不知足，用些无聊的谈资跟周围的人攀比，伤心失望恐怕也是在所难免。

1.保持反思的习惯

在生活中，当自我评价无法得到肯定，自己的需求无法得到满足的时候，那就需要反思，调整自我与客观现实之间的距离，假如不及时反思自己，总是一味地怪别人，心境就容易变得烦躁，使自己经常处于沮丧的状态，甚至会产生悲观的想法。

2.不要常常向人诉苦

如果遇到困难或焦虑的事情，不要抱怨，向人发牢骚，或是到处向人诉苦和辩解。因为这样并不能摆脱痛苦，这样只会白白浪费时间。自己所遇到的烦心事，想必也是别人经常遇到的，并非是上天故意为难自己。只要这些事情过去了，就没什么大不了，这样想，就会减轻自己的心理压力，让自己的心灵保持平衡。

3.善于分析并总结经验教训

事实上，没有一个人的人生是顺利和平坦的，每个人都会遇到烦恼或遭遇厄运，主要是看自己用什么态度去面对，用什么方法来解决。对自己所遇到的事情，要善于分析，总结经验教训，毕竟经历也是一笔财富。同时，多关注自己所拥有的，就会慢慢意识到自己是很幸福的。

4.无法选择就必须接受现实

我们必须明白一个道理，在这个世界上并没有真正意义上的公平。每个人一生下来，许多东西就注定了不平等，如出身、相貌等，这就是残酷的现实。当然，有些东西是可以通过奋斗去改变的，不过对于我们无法改择的东西，则必须接受现实。

5.正确对待来自外界的评价

保持自知之明的前提是，正确地对待来自外界的评价。平时要多与朋友们进行沟通，获得别人的帮助。同时正确地估量自己，对事情的期望值不能太高，尤其是当自己的某些期望无法满足时，就需要说服自己，自我安慰。

☞ 自控小贴士

心理平衡通常是自己给自己的，并不是别人能给的，它需要靠自己的智慧去维持。不管发生什么事情，都是有原因的，平时多反思自己的行为与言语，凡事从实际出发，脚踏实地，一步一个脚印，不要太心急，自然就会保持自我平衡。

学会将悲观转换为乐观

卡耐基说：“如果只有柠檬，就做杯柠檬汁。”当你第一次尝到柠檬时，那一口酸入心脾的味道一沾舌尖，你立即就会龇牙咧嘴忙不迭地吐出来。如果上天给你的是个柠檬，的确是一件让你比较郁闷的事情，如果命运交给你一个酸柠檬，你得想办法把它做成甜的柠檬，并告诉自己，“这是甜的，我喜欢”。

柠檬是又苦又酸的，难以下咽，可是如果你把它榨成汁，加上糖，倒进蜂蜜，就变成味道很好的柠檬汁了。虽然生命给我们酸苦，但是我们可以让它变得甘甜，而有的人不幸拿到柠檬，他就会自暴自弃地说：“我垮了。这就是命运，我连一点机会都没有。”然后他就开始诅咒这个世界，让自己沉溺在自怜之中。而聪明的人拿到一个柠檬的时候，就会说：“从这不幸的事件中，我该怎样改变人生呢？我怎样才能改善我的情况，怎样才能把这个柠檬做成一杯柠檬水？”所以，要学会把自己手中的柠檬做成一杯可口的柠檬汁，那样就会让你的人生充满了甘甜和愉悦。

有一位美国的农夫，他经过了多年努力工作之后，终于用自己存起来的钱买了一块价格便宜的田地。可是他买完地之后，心情十分低落，因为他买的那块土地非常贫瘠，根本不适合种植任何农作物，甚至连干粮作物都长不出来。除了一些矮灌木响尾蛇，其他什么东西都无法活在这片土地上。

他整日为这件事忧虑着，后来他想到了一个主意，能把这个负担变为资产，挫折变为机会。于是，他不顾身边人们诧异的眼光，开始捕捉地上的响尾蛇，又去买了些机器来生产响尾蛇罐头。就这样，几年之后，他的农庄变成了当地十分有名的观光景点，每一年平均有两万名观光客前来参观。

后来，这位美国农夫的生意越做越大了。他把响尾蛇的毒液送往美国实验室制作血清，而响尾蛇的蛇皮则以高价售出，用来生产女性的鞋与皮包，然后再把蛇肉装罐卖到世界各地。后来，他们村的邮戳都改为“佛罗里达州响尾蛇村”，以对这位把“酸柠檬榨成甘甜柠檬汁”的农夫表示致敬。

那位美国的农夫看见自己用所有积蓄购买的土地一片荒芜的时候，他并没有马上放弃，而是思考怎么来把这一片贫瘠之地利用起来。他针对土地上盛产响尾蛇这样的特点，开始制造罐头，并且还把响尾蛇的毒液、蛇皮都利用起来，最终使自己取得了巨大的成功。

上天开始只是给了他一个酸柠檬，但是他没有因柠檬的酸苦就扔了它，反而思考怎么把一个酸柠檬榨成柠檬汁。最后，他不但把柠檬榨出了甘甜的柠檬汁，还榨出了比原来更多的柠檬汁。他的成功主要就是源于于他自己的心态，乐观、积极向上的心态使他最终取得了成功。

1.改变自己的态度

北欧有一句话：“冰冷的北极风造就了强盛的维京人。”上天把冰冷的北极风给了维京人，但是聪明的维京人没有因为北极风就丧失了生活的方向，而是更好地把北极风利用起来，所以他们变得十分地强盛。当面对一些生活中的困难的时候，悲观的人只会怨天尤人、自暴自弃，甚至一蹶不振，所以失败总是紧紧地跟着他们；而乐观的人就会思考，怎么把一些不利的条件转化为优势为自己所利用，所以他们往往能够登上成功的宝座。

2.学会享受过程

生活中，我们要时刻保持乐观的心态，这样才会使自己的每一天都充满了快乐。一个拥有乐观、积极向上心态的人，通常能够取得工作中的成功，获得生活中的幸福。因为，在面对工作和生活中的一些困难或者是挫折时，他们能够以一颗平和的心去对待，而不是选择放弃，他们会把上天给的酸柠檬榨成一杯甘甜的柠檬汁。

3.学会利用现有资源把事情做成，而不是消极等待

我们要学会给自己的生活增添一些快乐，将酸柠檬变为柠檬汁，时刻以乐观的态度来面对挫折，这样才能找到通往快乐王国的钥匙。如果你只是顾影自怜，即使你住在美丽的城堡里，恐怕也很难找到快乐。

☞ 自控小贴士

卡耐基说过："真正的快乐不见得都是愉悦的，它多是一种胜利。"生活中，我们的快乐不仅来自享乐，还有一部分是来自一种挑战挫败的成就感，一种超越挫折的胜利，一次将命运的酸

柠檬榨成可口柠檬汁的过程。当然，这也是一种自我安慰，一种契合心灵的救赎。

积极的自我意识，让你反败为胜

爱默生曾说："每一种挫折或不利的突变，是带着同样或较大的有利的种子。"在失败的背后，往往隐藏着宝贵的经验与信念，事实上，失败是一笔不可缺少的财富。我们在遭遇挫折，面临失败的时候，都会产生一定程度的负面情绪，但是，如果长期深陷其中而不能自拔，失败就会成为你的代名词。

美国著名心理学家贝弗利·波特认为，当一个人在工作中的失败感大于他所取得的成就感时，就很有可能对自己的工作失去热情，而当这种失败感以一定的频率固定出现的时候，他就很容易对自己的工作产生倦怠。面对失败，我们需要做的并不是自甘堕落，自暴自弃，而要不断积累失败的经验，让失败成为一笔财富。

只要我们能改变心态，把每一次的失败都当作考验自己的机会，把它当作超越自己的一次机遇，那么，我们就不会沉浸在痛苦里，甚至会感谢失败让我们看清了真相，获得了经验。失败会让人变得成熟，它是人生的一笔宝贵财富。

1.逆境使人奋进，苦尽才能甘来

莎士比亚曾说："逆境使人奋进，苦尽才能甘来。"在人生道路上，成功没有巅峰，追求没有止境，短暂的荣誉往往会束缚人们前进的手脚，一时的辉煌往往会消减人们的斗志。而失败，让人痛心更催人奋进，既让人难堪更让人坚定，让人们在放弃时能鼓足勇气，想逃避时拾起自尊。

2.失败是成功的前奏

失败是成功的前奏，失败是一笔财富，失败能够使人不断地反省自己，在逆境中奋进，在低谷中抓住机遇，不断冒险与尝试，最后采摘成功的果实。日本著名实业家原安三朗曾说："年轻时赚一百万的经验，并不能成为将来赚十亿元的经验，但损失一百万的经验，倒可以培养赚十亿元的经验，逆境是锻炼人才最好的机会。"

☞ 自控小贴士

一个不能认识和接受失败的人，也无法看清楚成功的本质，从失败的教训中学到的东西，往往比成功中学到的还要深刻。成功，总是在经历多次失败之后才姗姗来迟，正确面对失败，才是走向成功的重要素质和能力。

唤醒自我约束，激发自我潜能

生物学家曾做过这样一个有趣的实验：他曾经将跳蚤随意地

向地上一抛，它们能从地面上跳起一米多高，但是，如果在一米高的地方再放个盖子，这时，跳蚤跳起来，会撞到盖子，而且会一再地撞到盖子。这样过了一段时间，生物学家拿掉了盖子，发现跳蚤虽然还在继续跳，但它们已经不能跳到一米以上了，直至跳蚤结束了生命，它们也跳不到一米以上了。这是为什么呢？其实，理由很简单，因为跳蚤调节了自己跳的高度，而且，逐渐适应了这种情况，不再改变。这个现象就是心理学上著名的跳蚤效应，不仅跳蚤如此，人也一样，有什么样的目标就有什么样的人生。许多人不敢去追求梦想，不是梦想太远，而是因为他们心里已经默认了一个“高度”，而这个高度常常使他们受限，所以，他们看不到未来确切的努力方向。

有这样一个故事：有人问三个泥水匠：“你们在干什么？”甲说：“砌墙。”乙说：“挣钱。”丙说：“造世界上最有特色的建筑。”后来，前两位泥水匠一生碌碌无为，只有第三位泥水匠成为了知名的建筑师，因为只有他清楚自己砌每块砖这样的小目标与未来一座宏伟建筑之间的关系。在我们身边，有许多人都明白自己在人生中应该做些什么，但就是迟迟不肯拿出行动来，根本原因就在于他们欠缺了清晰的未来目标，而有什么样的目标，就有什么样的人生。

克莱斯勒在年轻时曾做了一件疯狂的事情，他从银行里取出了所有的存款，到纽约参观汽车展，回来时还买了一辆新车，更糟糕的是，他回到家中便把车停到车库中，并将每个零件都拆卸下来，研究完之后，又把车子组装起来。大家都认为他疯了，但是，最后他成为了闻名世界的“汽车大亨”，这就是有目标的魔力。

1796年的一天，在德国哥廷根大学，19岁的高斯吃完了晚饭，就开始做导师单独布置给自己的每天例行三道数学题。高斯很快就把前面两道题做完了，这时，他看到了第三道题：要求只用圆规和一把没有刻度的直尺，画出一个正17边形。高斯感到非常吃力，时间很快就过去了，但是，这道题还是没有一点进展，高斯绞尽了脑汁，但是，他很快发现自己学过的所有数学知识似乎都不能解答这道题。不过，这反而激起了高斯的斗志，他下定决心：我一定要把它做出来！他拿起了圆规和直尺，一边思考一边在纸上画着，尝试着用一些常规的思路去找出答案。

天快亮了，高斯长舒了一口气，自己终于解答了这道难题。见到导师，高斯有点内疚：“您给我布置的第三道题，我竟然做了整整一个通宵，我辜负了您对我的栽培……”导师接过了作业，当即惊呆了，他用颤抖的声音对高斯说：“这是你自己做出来的吗？”高斯有点疑惑：“是我做的，但是，我花了整整一个通宵。”导师激动地说：“你知不知道，你解开了一道有两千多年历史的数学难题，阿基米德没有解决，牛顿没有解决，你竟然一个晚上就做出来了，你才是真正的天才！”原来，导师误把这道难题交给了高斯，每次高斯回忆起这一幕时，总是说：“如果有人告诉我，这是一道有两千多年历史的数学难题，我可能永远也没有信心将它解出来。”

我们应该永远记住一句话：你比自己想象中更优秀。因为我们每个人所拥有的潜能都是无穷的，我们所展现出来的只是九牛一毛，还有更多的潜能等待我们去挖掘。相信自己，多给自己一份肯定，自己永远比想象中优秀一点，这样，你才会成功地挖掘出自己的潜在价值，从而使自己变得更优秀。

1.有志者事竟成

古人曰“非志无以成学”，立志就是激励自己走向一条进取的、迎难而上的、智慧的人生之路。人一旦有了志向，就会对自己严格要求，就会克服前进路上的任何困难，那隐藏在其身上的潜能就会被激发出来。

2.保持身心健康

其实，身心健康是开发潜能的基础，健康的身体、充沛的精力、愉快的心情可使人的智力更好地发挥作用，反之，人的智力就会受到压抑。当然，我们可以通过从饮食、睡眠、锻炼三方面来提高身体健康水平；通过改善自己的性格，建立和谐的人际关系来提高心理健康水平。

3.培养良好的心理素质

心理素质包括道德品质、意志品质、自信心、责任心等。纵观那些卓有成就的科学家，他们不但智力水平高，而且在青少年时期就表现得非常坚强，极具独立性，这些人充满信心，有百折不挠的精神。

4.坚持学习

有人曾说："未来的文盲不是不识字的人，而是没有学会学习的人。"坚持学习可以使人更加有效地发挥出自己的学习潜能，学习不仅是大脑学习、身心学习，还包括科学学习、创新学习等。

☞ 自控小贴士

你比你想象中的更优秀，在现实生活中，也许我们会遭遇许多困难，导致一些问题没有能够得到解决。其实，问题本身没有太大的难度，而是我们把问题想得太复杂了，以至于我们不敢去面对它。如果仅仅是因为低估了自己的能力而失败了，那自然是十分遗憾的。

人生没有过不去的坎儿

当生活的困难从天而降的时候，人们总会有两种截然不同的心态：有的人感觉到天都塌下来了，什么都完了，他们总是与困难较劲，除了抱怨还是抱怨，似乎他们的整个生活都已经被不幸吞噬了；而有的人则保持乐观的心态，他们甚至会将那些灾难和不幸当作朋友，最后，他们真的在磨难中有所获得，从而赢得了人生的一笔宝贵财富。

我们可以清楚地看见，前者是拥有消极心态的人，在困难面前，他只会较劲、抱怨；后者是拥有乐观积极心态的人，他总是将生活中的困难当朋友一样看待，是朋友，又怎么会担心给自己的生活带来不幸呢?

拥有18亿元身价的俞敏洪是新东方教育集团的创始人。经过两次高考落榜后，俞敏洪于1980年考入了北京大学外语系，在北大读书时，俞敏洪不会吹拉弹唱，不会说普通话，他经常得到的就是老师和同学的“白眼”。英语老师评价俞敏洪说：“只能听懂俞敏洪三个字，鹦鹉都不如。”这些刺耳的话语令他刻骨铭心。之后，他一天十几个小时地狂听狂背，创纪录地熟练掌握了8 万个英语单词。

1984年俞敏洪留校当了教师，却依然被北大边缘化。六七年之后，为了赚取出国学费，俞敏洪就到校外的民办外语培训机构教课，被北大发现后受到了严肃的通报批评，他愤然辞职，开始了新东方创业历程。创业之初，他租用了中关村二小的一个小平房，俞敏洪自己拎着糨糊桶，不得不在零下十几度的冬夜到处张贴招生广告。1995年，新东方急速膨胀发展起来，拓展了业务领域，完成了向现代公司的转变，到年底时，在校学生数已经达到千人的规模。

据公开资料统计，现在每年有近1000万人在接受着新东方的英语培训。2005年9月7日，新东方成功登陆纽约证券交易所，发售了750万股美国存托凭证，一举融资额为1.125亿美元。新东方成了第一家在海外上市的中国教育培训公司，俞敏洪成了有史以来中国最富有的教师。

俞敏洪的成功是在困难中历练的结果，那坎坷不平的人生道路造就了俞敏洪不屈不挠的性格，也造就了俞敏洪踏实前行的人生之路。他的故事告诉我们：成功的人生必然要接受困难的洗礼，当我们无法回避困难的存在时，要学会与困难成为朋友。人生旅途道路曲折，有高就有低，有起就有落，困难是客观存在的，如果我们想从困难中挖掘点什么，那就要学会跟它成为朋友。

童年时期的施罗德曾在杂货铺里当学徒，那时他常说的一句话是："我一定要从这里走出去！"他成功了，而且，比自己想象中走得更远。虽然在成功的路上伴随着困难，但是，施罗德从来没有把困难当成一回事，儿时的记忆让他明白：自己必须与那些客观存在的困难成为朋友，这样自己才能走得更远。

1.战胜困难，就一定能成功

有人说，人生是由幸福和痛苦组成的一串珍珠。谁也无法回避四季的风雨冰霜，困难只能使成功者受到历练，除此不会有任何伤害。要有一种战胜困难的信心和勇气，困难可以锻炼人的品质，磨砺人的意志，激发人的智能，增长人的才干，显露人的本色。在生活中，只要我们有信心战胜困难，那就一定能拥抱成功。

2.别和困难较劲

当困难降临时，如果我们总是与困难较劲，不断地抱怨生活的不公平，这样做有什么意义呢？不仅解决不了困难的问题，反而会让自己的心情变得更糟糕。在困难面前，如果暂时不能战胜它，就先跟它成为朋友，了解它，这样才能寻找出解决的办法。

☞ 自控小贴士

拿破仑说：“人与人之间只有很小的差异，但是这种很小的差异可以造成巨大的差异。很小的差异即积极的心态还是消极的心态，巨大的差异就是成功和失败。”当生活遭遇不幸，别和困难较劲，而应让困难成为你的朋友，直面困难，人生没有过不去的坎，只要你抱着这样的心态，就一定能战胜艰难困苦，最终走向成功。

意志力量，开启无限的可能

奥芝大法师说：“达成所欲目标的力量，其实就在自己身上。”这种力量就是意志力，它可以开启一个人的无限可能。意志力可被视为一种能量，根据能量的大小，还能判断出一个人的意志力强弱和发展状态。

韧性人格，积极应对人生

爱迪生说：“无论何时，不管怎样，我也绝不允许自己有一点灰心丧气。”信念是心灵的护航者，是胜利的基石。信念，它是一缕永不暗淡的阳光，给心灵以丰富的给养，有了信念，我们就可以穿越阴霾，驱散迷茫，挣脱命运的束缚，自由地飞翔。人生需要意志力，需要坚定的信念，即使道路荆棘满地，充满了无尽的坎坷，我们也不要放弃信念，这样才会看到希望，看到生命的曙光。

塞尔玛是一个单亲母亲，她在一个乡村工厂里工作，靠着微薄的收入来维持着自己与儿子的生活。然而，在塞尔玛心中隐藏着一个秘密：由于遗传因素，她的视力正在慢慢衰退，只有靠着高度近视眼镜才能维持微弱的视力，而且，令自己心痛的是她发现儿子患有同样的疾病，她决定挣钱为儿子治好眼睛。于是，塞尔玛开始日夜不停地加班，将辛苦赚来的钱装在一个小铁皮盒里。尽管生活对于塞尔玛来说是残酷的，但她依然释放着全部的热情，塞尔玛特别钟爱音乐与舞蹈，她经常在工厂里唱歌，想象自己是音乐剧里的主角，以此给自己疲惫的心灵以抚慰。

塞尔玛的房东比尔是一位警察，他有个整日无所事事却又喜欢享乐的妻子，在妻子的过度挥霍之下，比尔破产了。但是，比尔没有勇气将真相告诉妻子，比尔知道塞尔玛有一些积蓄，于是，比尔找到了塞尔玛，向她诉说自己的压力与内心的绝望。无意之中，比尔发现了塞尔玛装钱的铁皮盒子。后来，由于视力的下降，塞尔玛失去了工作，这时，她发现自己辛苦攒下的钱被偷走了。想到曾向自己借过钱的比尔，塞尔玛决定去找比尔，比尔当即承认了自己偷走了钱，两人在争执中，比尔绝望地掏出了手枪，恳求塞尔玛帮助自己结束生命，塞尔玛扣动了扳机。

塞尔玛安排了儿子的手术，而她自己则来到了歌舞团，在那里，她精彩演绎了《音乐之声》。为了维护比尔的尊严，塞尔玛决定不说出实情，自己一个人承担所有的罪责，直到被警察逮捕的那一刻，塞尔玛依然歌唱着、舞蹈着。

虽然塞尔玛的生活有那么多不幸，但是，她那份对生命执着的信念，促使她完成了自己的梦想，那就是攒钱为儿子做手术。在黑暗的世界里，塞尔玛成为了舞蹈的精灵，她是真正的黑暗中的舞者，而这一切将源于她那坚定的信念，因为信念为塞尔玛的心灵指引了生命的方向。

1.学会自我激励

自我激励是激励自己形成良好的品德和习惯的方法，首先我们要对自己有一个正确的认识，对自己的优缺点有所了解；其次学会自我控制和自我约束，“将一件事情做到底”会经历很多意料不到的困难与挫折，应该学会控制自己的情绪和意志；最后，应该有意识地培养自尊心和上进心，这样我们的潜能才可以不断地被发掘，从而向最好的方向发展。

2.找一个学习的榜样

榜样的力量是巨大的，特别是那些有着坚定毅力、坚持不懈追求进步的人，更是我们心目中的楷模和英雄，如果能够找到这样一个榜样，无疑为自己的前进树立了一个标杆。最好的榜样往往在身边，可以是父母，也可以是身边同龄的同学，大家一起你追我赶，让竞争变成学习。

3.参加体育锻炼

现在大多数人都是在物质优裕的环境中长大的，缺乏毅力，如果有一个机会锻炼自己，那么，对于自己韧性的培养无疑会取得事半功倍的效果。而积极参加体育锻炼是一种好方法，不但可以增强我们的体质，而且可以增强自己的心理承受能力。

4.参加竞赛

假如让我们独自完成某件事，可能总是会一拖再拖，或许干脆中途就放弃了。假如知道还有许多人与自己竞争，或许能够激发内心不服输的心理，毕竟我们也不愿意承认自己是弱者，不会轻易服输。所以，我们可以与要好的同学竞争，也可以与对方来一场比赛，将工作变成竞赛。

自控小贴士

任何一个人在成长的过程中，都将注定经历不同的苦难、荆棘，那些被困难、挫折击倒的人，他们必须忍受生活的平庸；而那些战胜苦难、挫折的人，他们能够突出重围，赢得成功。

有意识锻炼独立判断能力

很多人总喜欢妄自菲薄，无法坚持自己，事实上，你很难拒绝对方，是因为你一直未能坚持自己的观点。每个人对一个事物都有一个主观的看法和评价，一味在意别人的看法，你将找不到属于自己的路。每个人都有自己的特点和优势，别人对你的简单评价，不足以反映你的真实情况。

从前，有一位中文系的学子酷爱文学，他苦心撰写了一篇小说，请一位著名作家指教。因为作家正患眼疾，学生便将作品读给作家听。读到最后一个字，学生停顿下来，作家问道："结束了吗？"听语气似乎意犹未尽，渴望下文。这一追问，煽起了学生的激情，学生立刻灵感喷发，马上回答道："没有啊！下部分更精彩！"他以自己都难以置信的构思叙述了下去。

到达一个段落，作家又似乎难以割舍地问："结束了吗？"

我的小说一定是精彩绝伦，叫人欲罢不能！他这样想着，心里更加兴奋，更加激昂，更富于创作激情。他不停地往下接续……最后，电话铃声骤然响起，打断了学生的思路。

这时有客人到作家家里做客，他们的交谈被迫中断了。作家说，“其实你的小说早该收笔，在我第一次询问你是否结束的时候，就应该结束。何必画蛇添足，狗尾续貂？该停则停，看来，你还没把握情节脉络，尤其是缺少决断。决断是当作家的根本，否则，拖泥带水，如何打动读者？”

学生追悔莫及，想想作家的意见，觉得自己的性格和情绪极易受外界左右，不能沉下心来，把握作品的主旨，恐怕不是当作家的料。

没过多久，这个学子遇到了另一位作家，羞愧地谈及往事，谁知这位作家惊呼：你的反应如此迅捷、思维如此敏锐、编造故事的能力如此强盛，这些正是成为作家的天赋啊！

不同的两位作家，从不同的方面给予了截然相反的两种评价，学生听后，不禁茫然。

美国职业足球教练文斯·伦巴迪当年曾被批评“对足球只懂皮毛，缺乏斗志”。贝多芬学拉小提琴时，技术并不高明，他宁可拉他自己作的曲子，也不肯作技巧上的改善，他的老师说他绝不是个当作曲家的料。但他们都勇于走自己的路，不被别人的意见和评论所左右，最后取得了举世瞩目的成绩。

要知道，在这个世界上，生活着70多亿各自具有不同特质的人，在他们各自的生活轨迹中，至少也存有上亿种成功模式。当我们每一个人特定的优势与劣势、需要与理想是如此地与众不同时，怎么可能存在一种放之四海而皆准的成功模式呢？

1.重新定义成功的标准

如同我们每一个人有不同的生活轨迹一样，每一个人对成功的定义也是截然不同的。成功的定义并不取决于你渴望的目标，而取决于你达到目标后的满意程度。也就是说，每一个人都应该有自己的人生，有自己的成功之路，在这条成功之路上，都应该有属于自己的成功底牌，打拼出自己不一样的人生。

2.别迷失自我

人要从没路的地方走出一条路来，不要泯灭了自己的个性。一味地去模仿别人，那样只会迷失自我，连自己的命运自己都把握不了。“走自己的路，让人们去说吧！”我们对但丁的这句名言并不陌生，可是，我们在生活中是否信奉它、实践它呢?

3.做人要有主见

做人要有自己的主见，还要有充分的自信，相信自己的判断力，不要轻而听从他人的意见，而改变自己的主张。每个人的使命终究还要靠自己来完成，你人生的目标，是独一无二的，专属于你自己的，它神秘而又绚烂，值得你用一生去追求。

自控小贴士

人生只属于自己，一味遵循他人的思想，不敢面对真理，是懦弱的表现，这样的人生是悲哀的。人应该成为主宰自己命运的人，走自己的路，走出自己的风格，走出自己的个性，我们的人生才会是独特的，才会是精彩的。

果断决定，完成意志行动

不管是生活还是事业，如果我们想要赢得成功，拥有决断力并将之付诸实际行动将会有更大的意义。事实上，一个人是否成功，很大程度上取决于他的决心和行动。而有的人只是嘴上说说，行动上却没办法积极起来，这些人因缺少作决定的勇气，总是被懦弱的性格所控制，这就是为什么生活中存在如此多将失去自我和已经失去自我的人，也就是为什么人们不懂得拒绝。这样的人就是一个好好小姐/先生，完全不懂得怎么样坚持自己的立场，他/她的工作是父母安排的，每天生活在一个不属于自己的世界里，甚至在父母的安排下与一个不爱的人结婚。曾经，他/她也有机会选择自己的事业，不过他/她无法拒绝父母。

王太太这半个月来，一直在考虑是否要买一件新的衣服，她不断地给老公、闺密打电话寻求合适的建议，结果这样优柔寡断、犹犹豫豫地变换了好几十次主意，最后她到了新世纪购物广场，试穿了十多件新裙子，不是穿上显得非常滑稽，就是尺码非常小。王太太非常焦虑，她继续在商场里闲逛，时间没过多久，她又试穿了一件比较淑女的裙子，还有一件看上去比较活泼的裙子，但是最后她也没能决定买哪一套好。

就这样，王太太筋疲力尽地回了家。她打电话问闺蜜的意见，闺蜜说淑女款式的裙子更适合你，接着她又和老公商量，老公认为一件漂亮的裙子最好是搭配一套精美的首饰。王太太听从了别人的建议，不过这一切都是自己所喜欢的吗？淑女范的裙子确实显得优雅，不过好像只符合闺密的品位。

过了一段时间，王太太把裙子退了回去，她又穿上了去年的那套裙子。王太太不但购物如此，就是平时生活中的其他小事，她也一样犹豫不决。准备稍微丰富一些的晚餐，她就会在牛肉与羊肉之间拿不准主意。每次出门，都有一种强迫症，会回来好几次看家门锁好没有。

很多人与王太太有差不多的性格，比如，每天早上坐在办公桌前面的时候，有时会为先做哪一件事而犹豫不决，比如今天是先见客户呢，还是先把会议需要的方案做好呢？当你觉得今天气温很高，不适合外出拜访客户的时候，却又想到会议是下周一才开始，差不多还有好几天的时间，而客户那边已经打电话在催了，不如还是去拜访客户吧。不过，即便出了办公室，也忍不住感到一丝疲惫，心想，明天再去也不迟吧？于是，又返回办公室去做方案，最后几经周折，一件事情都没有做完，却已经马上到了吃饭的时间了。

一位经常优柔寡断、犹豫不决的女人总是无法确定自己是否关了煤气，或是断了电熨斗及烤箱的电，只要这种担心出现了，她就会强迫自己回家去看一下。

有一次，这位女士前往云南度假，在半路上她开始下意识地担心家里，然后想到煤气，她十分不安，不断臆想家里的情形。当车子行驶到丽江时，她已经想象出了家里的房子燃起了熊熊烈火，家里浓烟滚滚，周围的人们只能从窗户跳出四处逃窜的场景。这位女士认为由于是自己的粗心造成了这一切，于是她返身赶回了家里。

迪亚·吉普森博士是人寿保险公司的精神病学专家，她说："一般来说，人们犹豫的根源在于焦虑。在财富方面产生的忧虑，是因为我们还没有明确定位自己。在复杂的问题上产生的忧虑，是因为我们还不知道该如何入手解决。我们害怕自己患上什么病，却不去看医生。如果一个人一直这样反复无常、犹豫不决，挫败感就会积累到极限，最终精神崩溃。"优柔寡断、犹豫不决的情绪，会对人造成精神上的折磨，使人无法正常思考。

1.优先考虑重点问题

当然，犹豫并不绝对是智力上的问题，所以对于大多数尝试改变自己犹豫性格的人而言，都可以不用担心。而对于犹豫不决的人来说问题在于：顾虑太多，习惯将微不足道的因素当成重要事情来考虑，面对这样的情形，应该学会优先考虑重点问题。

2.抓住机会

当机会来临的时候，需要说"是"，而不是"不"，这样就可以把握潜在的机会，主动出击。在生活中，不要为了晚饭是吃羊肉还是牛肉而苦恼，为了这样的问题而犹豫不决，本来就是一种无聊的表现。吃了饭不要为是否运动而优柔寡断，马上决定下来，然后行动。

3.没有“随便”

在吃饭时，当服务员问你吃清汤还是麻辣锅时，你不应该说“随便”这种很不负责任的话。这样的话会让服务员小姐感到为难，你应该马上作出选择。看电影的时候，不要选来选去还是选不定看哪部，不要花了十分钟的时间还没有作出决定，闭上眼睛就马上决定。即便看的电影比较差，也总比你浪费十多分钟犹豫不决更强。

4.尽早作决定

当我们选择购买什么东西的时候，权衡一下，应该尽早作决定。小失误永远比拖泥带水好，在大多数情况下，犹豫不决没有任何好处，尽早作决定总比优柔寡断的人理解得更透彻。在公司里，那些很早且很快就决定好自己休假的员工，都获得了最佳的休假时间，而那些犹豫不决的人永远只能排队等候。

5.赶紧去做

在平时的生活中，我们可以利用一些琐事培养自己快速作决定的习惯，作完决定，马上行动，不要像以前那样没完没了地思考。很想出去旅游吗？那就可以马上放下手中的其他事情，赶紧去。只要一件事情你积极面对了，那当第二件事情出现时，你就可以下意识选择积极的处理方法来解决。

6.反复练习

把培养决断力当作一种游戏，反复练习，假如你一直坚持，就会发现收获颇多，然后继续自信满满地这样做下去。最后，你会摆脱心灵上拖沓、犹豫不决的缺点，获得积极的生活态度。通常，生活中的美好事物只属于那些快速作决定并积极行动的人，当然也包括那些尽全力争取自己和追随者所需要的人。

☞ **自控小贴士**

在大多数时候，一个人的犹豫不决往往体现在简单的事情上，越是明智的人，作决定才越可能有很多疑虑。而缺乏智慧的人，大多数不会想很多制约因素，也不会考虑什么后果。

自觉作决定，别被干扰左右

在生活中，许多善良到没有决断力的人总会轻易地受到其他人的干扰，从而不能顺畅地走自己的路，做自己的事情。小时候，每个人都有宏大的理想，想做伟人，成为世界首富，策划许多有创意的事情……总之，希望自己拥有精彩的人生，成为最杰出的人。

但是后来呢？当你年龄增长到可以去实现自己的理想时，四面八方的压力一涌而至。你耳边不断萦绕着别人的议论——“别做白日梦了”，你的想法“不切实际、愚蠢、幼稚可笑”，“必须有天大的运气或贵人相助”或“你太老”“你太年轻”。不可否认对方的建议会有合理性的成分，但自己的人生之路还是要自己去走，不能仰仗他人的帮助。建立起足够强大的自信，我们才可以将“拒绝”轻松说出口。

你是要成功还是要听别人的话？如果有人说，你无法实现你的梦想，你就做一个“聋子”吧！之所以要走自己的路，完全是因为我们每个人都是独特的——永远不要忘记这一点！尽管每一枚雪花都是六角形的，却没有完全相同的两片雪花；我们人也一样，尽管人海茫茫，但谁也找不到两个外貌、个性和特长一样的人。所以，尽管我们不少人大抵相同，但每个人都是很独特的，无论在哪里，都是一道亮丽的风景。

有人觉得自己的岗位很普通，感叹自己的工作谁都可以做，时常高兴不起来。同样的工作许多人都能做，但不是谁都可以做；即使自己的工作别人也能做，但未必做得都一样，自己多少还是有独特的地方的吧？

1.善于找寻自己的优点

如果将自己在某方面无人能比、不可替代作为自己快乐的前提，这简直是对自己的折磨，与人攀比并不会让我们获得快乐，而且几乎没人能够做得到！

2.你很独特

俗话说，人比人，气死人，其实，每个人都是独特的自己，没有必要和别人比较。即使我们某一方面比别人差，也要学会从别的方面找到平衡。也许在另一方面，我们比别人还要优秀。

☞ 自控小贴士

所以，一个人，不能等到优秀到别人都得仰视自己的时候，当别人都无法代替自己的时候，才能感到快乐。做有决断力的自己，远离一切干扰，自己作决定。

自我约束，有效调节自己言行

一个人，不管他有多么伟大或是多么的顽固，都会存在着这样或那样的弱点，有着自己的软肋，一旦这样的弱点被他人击破，那我们自身将难以成功。而现代社会，这本来就是一个到处充满着诱惑、陷阱的社会，诸如金钱的诱惑、美色的诱惑、名利的诱惑、地位的诱惑、情感的诱惑等。在人性弱点的延伸下，我们往往会迷失了自己，每个人都有弱点，欲望越多的人弱点也就越多，陷入深渊的可能性也就越大。

贝利在小时候参加了一次激烈的足球赛，比赛结束之后，贝利累得喘不过气来。休息的时候，贝利向小伙伴要了一支烟，他得意地从嘴里吐出一缕缕淡淡的烟雾，贝利有点陶醉了，似乎刚才的疲劳也随之消失了。然而，这一切被父亲全看见了，父亲的眉头皱得很紧，晚上，父亲问贝利："你今天抽烟了？"贝利意识到自己做错了事情，低声回答："抽了。"不过，父亲并没有发火，他在屋里走了好半天，才平静地对贝利说："孩子，你踢球有几分天资，也许将来会有出息，可惜，你现在要抽烟的话，会损坏身体，使你在比赛时发挥不出应有的水平。”小贝利涨红了脸，头更低了，父亲接着说：“作为父亲，我有责任教育你向好的方面努力，也有责任制止你的不良行为，但是，是向好的方向努力，还是向坏的方向滑去，你自己才能作决定，我只想问问你，你是愿意抽烟呢，还是愿意做个有出息的运动员呢？孩子，你该懂事了，自己选择吧！”说着，父亲掏出一沓钞票，递给贝利，说道：“如果你不愿意做个有出息的运动员，执意要抽烟的话，这点钱作为你抽烟的钱吧！”说完，父亲就走了出去。贝利望着父亲远去的背影，回味着父亲恳切的话语，他难过地哭了。突然，贝利拿起桌上的钱还给了父亲，坚决地说：“爸爸，我再也不抽烟了，我一定要做个有出息的运动员。”

贝利开始走向了上坡路，通过刻苦训练，贝利的球技突飞猛进，15岁参加桑托斯职业足球队，16岁进入巴西国家队，他被人们称为“黑珍珠”，他就是球王贝利。

在成长的过程中，不断检查自己，不断反省自己，不断管理自己，就会减少自己身上的弱点。在未来的行程之中，我们就会少一些心灵上的纷扰，多一些自在。

在人生的道路上，我们会面对各种不同的挑战，但是，我们最大的敌人并不是别人，而是自己，我们更要勇于挑战自我。一旦发现自己的某些弱点比较突出，有可能对自己人生造成消极影响的时候，一定要紧急刹车，抵制人性弱点，这样我们才能重新上路，走向成功。

对于约翰尼·卡特来说，虽然自己的梦想实现了，但是，人生的挑战还没有结束，在几年的巡回演出过程中，卡特的身体拖垮了。每天晚上，卡特都需要借助安眠药才能入睡，而且，还需要服用“兴奋剂”来维持第二天的精神状态。逐渐地，卡特沾染上了坏习惯，酗酒、服用催眠镇静药和刺激兴奋药物，坏习惯越来越严重，导致他对自己失去了控制能力，在以后的日子里，他不是在舞台上就是在监狱里。有一次，卡特从一所监狱刑满出狱的时候，一位行政司法长官对他说：“约翰尼·卡特，今天我要把你的钱和麻醉药还给你，因为你比别人更明白你能充分自由地选择自己想干的事，这就是你的钱和麻醉药，你现在就把这些药片扔掉吧，否则，你就去麻醉自己，毁灭自己，你自己作出选择吧！”卡特一瞬间醒悟了，他选择了新生活。他找到了私人医生，痛下决心戒掉坏习惯，医生不太相信他：“戒毒瘾比找上帝还难。”卡特下决心“一定能找到上帝”，他开始了漫长的戒毒之路，整日将自己锁在卧室闭门不出，忍受着巨大的痛苦。当时，在卡特面前的有麻醉药的引诱，有奋斗目标的呼唤，卡特选择了奋斗，漫长的9个星期过去了，卡特回归了久违的生活——重返舞台。最终，卡特成为了一名著名的灵魂歌手。

一个人想要征服世界，首先要战胜自己。在日常生活中，我们很容易就会陷入自我的泥潭而无法自拔，沾染上一些坏习惯，整个人变得颓废不堪。学坏总是那么容易，而要想学好却是难上加难，为了避免自己一不小心走“下坡路”，我们应该时刻警惕自己的行为，努力走向上坡，然后欣赏别样的风景。

抵制人性的弱点，可以有效地管理好自己，而这当然需要极强的自制力，也就是用毅力控制爱好。比如，列宁就是一个自制能力极强的人，他在自学大学课程的时候，为自己安排了严格的作息时间表：每天早餐后自学各门功课；午餐后学习马克思主义理论；晚餐后适当休息一下再读书。本来列宁是很喜欢下棋的，一下起来就痴迷了，后来他感到这太费时间了，毅然戒了棋。当然，这只是一件生活中的小事，但凡成功都是从小事开始，如果我们有毅力去改变自己生活中的一些小事，又何必担心不能抵制人性的弱点呢?

☞ 自控小贴士

哲人说：“贪图享乐是厄运的源头，克制好自己的欲望，做好自己的事情，才能平平安安地度过自己的人生之旅。”随时警惕自己的行为，不要让自己踏上贪图享乐之路，无论是欲成大事者，还是一个普通的人，我们都应该学会自制。

锲而不舍，金石可镂

当我们总是眼高手低的时候，最后的结果将是一无所获。磨菇生长在阴暗的角落，由于得不到阳光又没有肥料，常常面临着自生自灭的局面，只有当它们长到足够高、足够壮的时候，才会被人们所关注，事实上，这时它们已经能够独自接受阳光雨露了。这就是心理学上著名的蘑菇定律。最初蘑菇定律是由一批年轻电脑程序员总结出来的，通过蘑菇的生长历程，他们联想到了人们所必须经历的历程。

我们刚开始进入社会的时候，像蘑菇一样不受重视，只能替人打杂跑腿，接受无端的批评、指责，得不到提携，处于自生自灭的过程中。蘑菇生长必须经历这样的一个过程，而同样的道理，我们每一个人的成长也需要这样一个过程。

卡莉·费奥瑞娜从斯坦福大学法学院毕业以后，她所做的首份工作是一家地产公司的电话接线员。费奥瑞娜每天的工作就是打字、复印、收发文件、整理文件等杂活，父母与亲戚对费奥瑞娜的工作感到不满意，认为一个斯坦福大学的毕业生不应该做这些杂活。但是，费奥瑞娜没有任何怨言，她继续一边努力工作，一边学习。有一天，公司的经纪人向费奥瑞娜问道："你能否帮忙写点文稿？"卡莉·费奥瑞娜点了点头，凭着这次撰写文稿的机会，她展露了自己卓越的才华。在以后的日子里，卡莉·费奥瑞娜不断向前发展，后来成为了惠普公司的CEO。

卡莉·费奥瑞娜的成功案例成为了哈佛商学院学子的案头必备研究。我们任何一个人在成长的过程中，都将注定经历不同的苦难、荆棘，那些被困难、挫折击倒的人，他们必须忍受生活的平庸；而那些战胜苦难、挫折的人，他们能够突出重围，赢得成功。

亚伯拉罕·林肯在一次竞选参议员失败后这样说道：“此路艰辛而泥泞，我一只脚滑了一下，另一只脚也因而站不稳；但我缓口气，告诉自己‘这不过是滑一跤，并不是死去而爬不起来’。”哈佛告诉我们：“一个人克服一点儿困难也许并不困难，难得的是能够持之以恒地做下去，直到最后的成功，在人生的逆境中坚定地走下去。”

没有人能够预知事情的结果，但是每个人都能够通过自己的决心来改变事情的未来走向，摘得胜利的果实。聪明的人总是对自己所接手的工作信心满满，并且有把它做成功的决心，这样他们在做事情的过程中，就在幻想着自己成功的喜悦，所以他们往往能够凭借自己的决心做好一切事情。

1.利用环境成长

当我们不幸被看成“蘑菇”的时候，如果只是一味地强调自己是“灵芝”，并没有任何作用，对于我们而言，利用环境尽快成长才是最重要的。当自己真的从“蘑菇堆”里脱颖而出的时候，我们的价值就会被人们所认可。

2.难忘的经历促使你成功

虽然，蘑菇的成长经历给我们带来了压力和痛苦，但是，这些难忘的经历有可能让我们赢得成功。哈佛大学的荣誉博士J·K.罗琳就是最典型的例子，她是一位中年女性，在事业最黯淡的时候，她开始拿笔写作，结果，她写出了享誉世界的《哈里·波特》。

3.意志胜利法

人生中总是有着种种的不如意，但是，意志坚强的人能够将逆境变为顺境，在挫折中寻找转机，他们在逆境中坚定地走了下去，最后获得了成功。相反，有的人缺少生活的历练，一旦遭遇挫折或身陷逆境，一次输给了自己，就意味着永远输给了自己。

☞ 自控小贴士

每个人都渴望生活如鱼得水，都希望事业获得成功，但是，上帝不会把这些白白赠予你，只要不畏惧蘑菇的经历，那么成功一定是属于你的。蘑菇的经历是成功必须经历的一步，只有那些能够忍受一切的人才能得到阳光普照的机会。

情绪效应，克制人性的冲动

一个人只有掌控好自己的情绪，才能掌控自己的人生。情绪效应，看起来很简单，却能够掌控我们的人生；情绪看似平常，却可以左右我们人际关系的好坏。一个人的自制力往往可以通过其情绪控制能力反映出来。

你总是陷入负面情绪泥沼吗

佛说："烦由心生。"那么心呢？生活中，每个人不过是一个凡夫俗子，怎么会生出那么多的"负面情绪"呢？有什么值得生气的呢？每个人在生气时都有这样或那样的理由：受到了不公正的待遇会生气，受到他人的辱骂会生气，受到朋友的欺骗会生气……。虽然，只要一个人还活着，他就免不了生这样或那样的气，但是，很多时候，我们只是"拿别人的错误来惩罚自己"，本来犯错的就不是自己，何必要生出那么多的气来？何故要抛弃开心呢？

而且，生气并不是一件皆大欢喜的事情，既伤自己的身心，又会得罪朋友或身边的人。所以，要学会为生活多增加一些阳光雨露，开开心心，不要被负面情绪绑架，因为充满怨气的天空是看不见美丽的彩虹的。

在大多数的时候，生气并不能真正地解决问题，即使心中有气，问题也未必能够得到好转。而且，生气是一件不值得的事情，既然，生气了还是不能解决问题，那何不怀着一份开心的心情来面对呢？积极乐观的心态，或许会对解决问题有良好的助推作用，同时，我们摆脱了“负面情绪”的打扰，重新获得了一份愉快的心情，这何尝不是一件美事呢？

生命的完整，在于宽恕、容忍、等待和爱，如果没有这一切，即使你拥有了一切，也是虚无。

1.对负面情绪置之不理

负面情绪是一种奇怪的东西，若是吞下去会觉得反胃；若你根本不在意它，那么，它会主动消失。如果你总是任由“负面情绪”横冲直撞，那么，乌云将笼罩整片天空；如果根本不在意它的存在，那么，美丽的彩虹将会重归生活。人生的快乐是享受不尽的，哪里还有多余的时间去生气呢？在任何时候，我们应该永远记住：生气是用别人的错误来惩罚自己。

2.生气是用别人的错误来惩罚自己

德国哲学家康德曾说：“发怒，是用别人的错误来惩罚自己。”或许，别人的错误是应该受到惩罚，但并非一定要通过自己的生气来实现，而且，生气并不能达到惩罚他人的目的。既然错误在于别人，自己为什么要生气呢？

3.生气毫无用处

难道自己发了很大的脾气，对方就能受到惩罚吗？结果恰恰相反，气得大哭，红肿的是自己的眼睛；气得一个人喝闷酒，伤害的是自己的身体；气得丧失理性，疯狂购物，挥霍的是自己的钱财，其实，这都是对自己的惩罚。而且，生气非但解决不了问题，反而会把问题弄得更加复杂。所以，面对他人有意或无意造成的错误时，请学会开心，这样，生活的天空就会时常出现美丽的彩虹。

☞ **自控小贴士**

生活中本没有那么多的负面情绪，而是心中焦虑太多，烦恼才会形成了“气团”，从而使我们的生活开始不得安宁。如果你能仔细回想每一件事情，你会发现，原来上天也很眷顾自己，亲人一直陪伴左右，朋友也从未主动离弃，为什么一定要被坏情绪绑架呢？

看别人不顺眼，是自己修养不够

很多时候，情绪不好，是自己修养不够。脾气，是日常生活中经常碰到的普遍心理现象之一。当然，人们的脾气有好有坏。有的人脾气坏，遇事冲动，对一些不顺心或自己看不惯的事情，常常容易生气或怄气，经常与人争吵，说出一些使人难堪的话，影响正常的人际交往。相反，脾气好的人，无论到哪里，都会受到欢迎，大家都喜欢与他合作、共事。有人对此作过一项调查，通过调查发现：绝大多数的青年男女在选择配偶时，都把对方脾气好作为要求条件之一。

即使在生活中，我们也明白，在一个家庭或小单位里，如果有一两个脾气不好的人，常常会使这个家庭或集体不和谐。另外，坏脾气对我们的身体也有危害，试想，一个动不动就生气的人，他的心脏会经受得住刺激吗？所以，克制自己的情绪，将坏脾气化为挑战力，为自己加油！

从前，有一只坏脾气的乌龟住在水池里，另外有两只大雁经常来水池里喝水，一来二去，坏脾气的乌龟和两只大雁成为了好朋友。

后来，有一年干旱，水池里的水干涸了。乌龟没有办法生存，只好决定搬家，正巧，两只大雁又飞来了，三个好朋友闲谈了起来，乌龟得知两只大雁将要去南方生活。它心中一动，不如跟着大雁一起去南方生活吧。可是，自己不会飞，怎么办呢？乌龟将自己内心的想法告诉了好朋友大雁，聪明的大雁找来了一根树枝，让乌龟咬着中间，两只大雁各执一端。飞行之前，两只大雁嘱咐乌龟："千万不要说话，一说话就掉下去了。"说完，就扇动翅膀向蓝天飞去了。

大雁飞过了翠绿的田野，飞过了蔚蓝的湖泊，地上的孩子看见了，觉得这个组合很有趣。有的孩子拍手笑起来："你们看呀，那只乌龟很滑稽啊。"乌龟本来还扬扬得意，听到孩子这样的嘲笑，心中大怒，想开口责骂那些调皮的孩子，可是，嘴刚一张开，它就掉了下去，碰到了一颗大石头死去了。一只大雁扇动着翅膀，叹气说："坏脾气是多么不好呀。"

坏脾气的乌龟最终因为自己的坏脾气而丢了性命，在现实生活中，我们也常常因为坏脾气而伤了和气，破坏了和谐的关系。总而言之，坏脾气不仅令自己苦恼，还会给身边的人带来伤害。

一个人的坏脾气，常常与娇生惯养、受到过分溺爱或得不到家庭的温暖、父母要求过于严厉有关，另外，人生道路的平坦或坎坷，对脾气也会产生重大影响。虽说，一个人的脾气、性格有稳定性的一面，但并不是说其脾气、性格是固定不变的，所以，坏脾气是可以改变的。试着将坏脾气化为挑战力，努力改变自己的坏脾气。

有一个男孩，很任性，经常对别人发脾气。一天，他的父亲给了他一袋钉子，并告知他："你每次发脾气时，就钉一颗钉子在后院的围墙上。"第一天，这个男孩发了37次脾气，所以他钉下了37颗钉子，慢慢地，男孩发现节制自己的脾气要比钉一个钉子要容易些，所以，他每天发脾气的次数就一点点地减少了。

终于有一天，这个男孩能够把持自己的情绪了，不再乱发脾气了。父亲告知他："从现在起，每次你忍住不发脾气的时候，就拔出一颗钉子。"过了很多天，男孩终于将所有的钉子都拔了出来。父亲拉着他的手，来到后院的围墙前，说："孩子，你做得很好，但是现在看看这布满小洞的围墙吧，它再也不可能恢复到以前的样子了，你赌气时说的损害别人的话，也会像钉子一样在别人心里留下伤口，不管你事后说了多少对不起，那些伤痕都会永远存在。"

在生活中，每天都可能会发生一些不如意的事情，但是，这不应该成为我们发脾气的借口。当自己想要发脾气的时候，应该做的第一件事是尽量让自己平静下来，以理智的眼光去看问题，思考到底出现了什么事情，而不是乱发脾气，任由坏脾气爆发。

1.看别人不顺眼，是自己修养不够

对于坏脾气的人来说，看到别人总是感觉不顺眼，事实上，心理学家告诉我们：看别人不顺眼，是自己修养不够。一个人的优雅关键在于控制自己的情绪，坏脾气的人习惯于用嘴伤人，实际上这是最愚蠢的一种行为。对于任何事情，我们都不要任由坏脾气爆发，因为存在即有其合理性。

2.坏脾气，坏处多

现实生活中，许多人在生气或愤怒的时候，经常是脸红脖子粗，恨不得把自己心里所有的消极情绪都发泄出来；一遇到挫折的时候，就一蹶不振，自暴自弃，刻意贬低自己。这是坏脾气的人的一些日常表现，事实上，坏脾气带给我们的影响远不止这些。所以，要尽可能地克制住自己的激动情绪，让人与人之间的关系变得和谐而自然。学会换位思考，或者直接置身事外，将坏脾气化为挑战力，为自己加油呐喊！

☞ 自控小贴士

每一次发脾气说出的话语、做出的行为，都像那一个个被钉子钉出的小洞，再也不可能恢复到以前的样子了，那些伤害会像钉子一样在别人心里留下伤口，不管是事后说了多少对不起，那些伤痕将会永远存在，这就是不良情绪给我们身边人带来的最大伤害。

换个角度转化情绪

人生就像一朵鲜花，有时开，有时败，有时候面带微笑，有时候却低头不语。其实，人生就是这样，无论我们处于什么样的境地，只要学会看情绪晴雨表，学会调节出好心情，你会发现，人生远没有想象中的糟糕，而我们所遭遇的那些根本不算什么。

人生，注定就是一条充满曲折、困难的路，或许，烦恼无所不在，但是，面对这样一些事情时，我们可以尝试着打开心灵的另一扇窗户，以一种积极、乐观的心态去面对，这时，你会发现，所谓的烦恼根本不存在，人生依然无限美好，问题的出现并没有改变我们的好心情。

约翰·米尔顿说："一个人如果能够控制自己的激情、欲望和恐惧，那他就胜过了国王。"有时候，情绪不仅是心灵健康的庇护神，它在我们决胜的关键时刻也异常重要。在现实生活中，面对不同的环境，不同的对手，有时候，采用何种手段并不重要，控制好自己的情绪才是至关重要的。每个人都有自己的情绪，而情绪是一种抓不住的东西，在很多时候，它令我们捉摸不定。但是，不管情绪如何难以琢磨，我们都应该努力控制好它，保持平静的状态，以此保持心灵健康。

杯子里有半杯酒，一个酒鬼来了，看见就摇了摇头，十分沮丧："唉，只有半杯酒。"一会儿，又来了一个酒鬼，看到半杯酒兴奋地说："太好了，还有半杯酒。"杯子里同样是半杯酒，但是，因为心境不同，心情自然大有不同。

1.控制好自己的情绪

情绪是指人们对环境中某个客观事物的特种感触所持有的身心体验，是一种对人生成功活动具有显著影响的非智力潜能因素。对此，美国密歇根大学心理学家南迪·内森通过一项研究发现：一般人的一生平均有十分之三的时间处于情绪不佳的状态，而其中大部分为内向者，所以他们常常需要与那些消极的情绪作斗争。一般情况下，人们容易受情绪的牵制，他们有或大或小的心理障碍，而这将会影响其心灵健康。所以，要想心灵健康，人们应该努力突破心理障碍，控制好自己的情绪，这样才有可能成为成功者。

2.善于选择好心情，而不是坏心情

有人这样抱怨："这天老是下雨，还要不要人活啊，今天出门的计划又泡汤了。"而在街头的另一处风景中，一位少女正撑着雨伞散步，小脚丫在雨水中快乐地奔跑。我们发现，"下雨"这个事实并没有改变，少女所改变的不过是自己的心情，像天气预报一样，情绪也有晴雨表，要想自己拥有一个好心情，我们要善于选择"晴朗的天气"，而不是沮丧的"雨天"。

自控小贴士

心情，与生活一样，我们是可以选择的，即使事情变得十分糟糕，我们也依然可以选择以快乐的心情面对。这样，我们既能看清楚事情的真实情况，而且，积极乐观的心态又可助我们更好地解决问题。

自我安慰，阿Q精神胜利法

阿Q，对我们来说，并不是一个陌生的名字，在鲁迅先生的描绘下，他那生动的形象跃然纸上。而对于阿Q精神，人们却对此褒贬不一，有人感到不屑，把它当作民族的劣根性；有人却崇尚于阿Q精神的积极性，甚至，有人坦言：“生活中需要阿Q精神。”很多时候，我们会发现，阿Q不仅出现在鲁迅先生的小说里，他还经常出现在生活中，或许，在我们身边就有这样一个人。

在阿Q身上，有一个引人注目的特点：“在受到任何挫败或生气时都会以虚幻的胜利感来安慰自己或欺骗自己。”由此而延伸，人们将这一种情绪调节法称为“阿Q精神胜利法”。

在现实生活中，良好的情绪是需要那么一点阿Q精神胜利法的，或许，我们可以说阿Q精神胜利法是调节情绪的有效方法，如果我们能运用恰当，那么，良好的情绪会助我们走向成功之路。

在未庄，阿Q是一个极其卑微的人物，在他看来，整个未庄的人都不值得放在自己的眼里。赵太爷进城了，阿Q并不羡慕，还说出了自尊自大的话来：“我的儿子将来比你阔得多。”阿Q进了几回城，变得十分自负，甚至，有点瞧不起城里人，遇到别人嘲笑自己头上的癞头疮疤时，阿Q也不生气，反而以此为荣，笑着回答："你还不配。"

在未庄，阿Q经常被欺负，有时候，他会被一些闲人揪住辫子往墙上碰，此时，他会说："打虫豸，好不好？我是虫豸，你还不放么？"有人说："阿Q，你怎么如此自轻自贱？"阿Q听了也不生气，反而自诩"自轻自贱第一名"，毕竟所谓的状元不也是"第一名"嘛，那么，自己的这个名号似乎并不吃亏。

遇到与别人打架的时候，如果是自己吃亏了，阿Q也不生气，心想："我总算被儿子打了，现在世界真不像样……"于是，本来愤愤不平的心理也得到了满足，以胜利的姿态回去了。赌博赢来的钱被人抢走了，阿Q也不气恼，如果没有办法摆脱"闷闷不乐"，他就自己打自己，感觉被打的是"另外一个"，这样，阿Q在精神上又一次转败为胜。

精神胜利法就如同麻醉剂，让阿Q一次次摆脱内心的烦恼，变得无比地快乐。阿Q依然是阿Q，面临绝望的物质困境，唯有用精神来安慰自己。现实生活中的我们，也可以用阿Q精神来摆脱不良情绪的困扰：受到了他人的辱骂时，想到，幸好失去内涵修养的人是他而不是我；受到了不公正的待遇时，至少我能公正地对待一个人。以精神上的胜利来安慰生气的自己，这样一来，内心的愤怒情绪就会消失不见。

在小说里，阿Q的形象看起来似乎很可笑，但是，在一个充满苦难的年代，阿Q只能以无奈的方式来增强自己活下去的信心与勇气。对此，有心理学家研究了阿Q的行为特点，并表示“阿Q精神胜利法实际上是一种自我心理调节，对人们调节心理或情绪十分有帮助”。

1.学会自我安慰

孔子曾这样评价自己的得意门生颜回：“一箪食，一瓢饮，在陋巷，人不堪其忧，回也不改其乐。”颜回以求道为乐，他获得了其乐融融的生活。虽然，阿Q与颜回相差十万八千里，但是，他们有一个共同的特点——他们都游刃有余地掌握了快乐的哲学，学会了调节情绪的有效方法。的确，那些掌握了精神胜利法的人，是不会生气的，或者，即使他心中有气，却依然为精神上的胜利而变得快乐起来。

2.心胸放宽

日常生活中，我们常听到：“真是，差点被气死了。”其实，人之所以被气死，主要是在于自己心胸狭窄。三国时期，周瑜才能过人，但终因自己心胸狭窄，在诸葛亮的“攻心”之下被活活气死，临终前，他还发出“既生瑜，何生亮”的感叹，或许，周瑜至死都不知晓精神胜利法的存在。

3.装作若无其事

同样是拥有卓越才华的司马懿，则善于运用阿Q精神，即使诸葛亮派人给司马懿送去了“巾帼女衣”对其进行羞辱，司马懿也丝毫不生气，反而笑着对下面的人说：“孔明视我为妇人焉。”若无其事，将阿Q精神发挥到极致。

☞ **自控小贴士**

当然，我们所获取的是阿Q精神胜利法的积极面，比如，遇见令人生气的事情时，幽默一笑，不仅快乐了自己，也将快乐带给了别人。这样看来，阿Q并不是耍贫嘴，而是玩魔术，他所制造并享受到的快乐，实际上比那些所谓的有钱人更多。

理性面对，情绪需要感性释放

无论何时何事，都不要轻易否定，存在即有其合理性。当我们学会理智地看待事物，不被情绪所左右的时候，那我们所激发的就是情绪的正能量。在生活中，许多人习惯于感性用事，生气或愤怒的时候，常常是脸红耳赤，恨不得把心里所有的消极情绪都发泄出来；若是消沉的时候，就一蹶不振，自暴自弃，随意贬低自己。

其实，若凡事都以感性对待，很有可能会模糊事情的真相，甚至做出一些后悔的举动。所以，面对事物，需要理智对待，对于任何事任何人都要给予一个申辩的空间；而面对情感，需要感性释放，因为，情感压抑得太久，有可能会导致心理疾病。

一位美国心理学家举例道：

我的朋友芬妮是一位脾气暴躁、情绪容易激动的女孩子。由于她的坏脾气，交往多年的男朋友也离开了她。我们都为她感到惋惜，而芬妮自己似乎也感受到了自己脾气的坏处，有一天，芬妮特地找到我，说：“如何才能改掉我的坏脾气呢？”我以前曾在哈佛大学学习过，熟悉一些心理学方面的东西。

我想了想，拿出了两个透明的刻度瓶，然后分别装上了一半刻度的清水，随后又拿出了两个塑料袋。芬妮帮我打开了，发现里面是白色和蓝色的玻璃球，我对芬妮说：“当你生气的时候，就把一颗蓝色的玻璃球放到左边的刻度瓶里；当你克制住自己的时候，就把一颗白色的玻璃球放在右边的刻度瓶里。最为关键的是，现在，你就应该学会理性控制自己的情绪。”

芬妮一直照着我的建议去做，过一段时间，我和芬妮一起把两个瓶中的玻璃球都捞了起来，我们发现，那个放蓝色玻璃球的水变成了蓝色，这时，芬妮才知道那些蓝色玻璃球是我把水性蓝色涂料染到白色玻璃球上做成的，这些玻璃球放到水中以后，蓝色染料溶解到水中，水就变成了蓝色。我趁机对芬妮说：“你看，原来的清水被投入了‘坏脾气’，也被污染了，同样的道理，你的言行举止也会感染人，就像这个玻璃球一样，所以，一定要理智控制好自己的言行。”

当我再一次拜访芬妮的时候，我惊喜地发现，那个放白色玻璃球的刻度瓶竟然溢出了水。其实，我教会芬妮的方法就是“把自己当成一个思想的旁观者”，这样有助于我们理智地面对事物。渐渐地，芬妮学会了把自己当成一个思想的旁观者，生活开始步入正轨，听说，最近她刚交了一个新男朋友，生活对于她来说，似乎变得越来越美好了。

在生活中，总是有一些不如意的事情，当你要发脾气的时候，做的第一件事应该是尽量让自己安静和放松下来，先以理智的眼光来审视问题，想一想目前出现了什么情况，而不是顺其自然地乱发脾气，被情绪牵着走。如何理性地对待事物？那就是要学会换位思考，或者直接置身事外。

1. 理性看待事物

理性面对事物，我们应该学会反思，我们在面对许多事情的时候，往往是感性反应先于理性反应，所导致的结果是常常看不到事情的本质，以致模糊了事情的真相。所以，每次感性冲动的时候，我们都应该认真反思自己的行为与观点，时间长了，就会逐渐改变自己的思维习惯，把自己置身于事情之外，使自己更加理性地看待事物。当然，任何时候，我们都需要感性释放情感，因为这是人之常情。

2. 看待事情，一分为二

余秋雨说：“用诚实、理性的方法来面对各种文化课题，如历史上的反面人物，我们应该重新给予一个逻辑的梳理，使他们有一个申辩的空间，完成自己的逻辑推演过程。在没有可能硬性的历史事件中，寻找属于个体的软性理，我认为这种寻找是符合理性精神的。”面对历史上臭名昭著的奸臣秦桧，余秋雨也给了一个申辩的空间：“有时，人品低下、节操不济的文士也能写出一笔矫健温良的好字来。例如就我亲眼所见，秦桧和蔡京的书法实在不差。”

☞ 自控小贴士

不管发生了什么事情，不管自己处于怎么样的位置，我们都需要好好把握积极情绪带给我们的力量，而不是自寻烦恼，任自己被负面情绪所困扰。这是因为只有积极情绪才会激发出正能量，消极情绪只会带领我们走进痛苦的深渊。

积极暗示，摆脱坏心情的枷锁

自我暗示，也就是自己主动自觉地通过言语、手势等间接含蓄的方式向自己发出一定的信息，使自己按照自己示意的方向去做。事实上，心理学家认为，自我暗示有消除恐慌和消极心态的功能。美国心理学家威廉斯说："无论什么见解、计划、目的，只要以强烈的信念和期待进行多次反复的思考，那它必然会置于潜意识中，成为积极行动的源泉。"

在某电视台，一位著名的主持人这样告诉人们他的成功秘诀："我以前不过是工厂里的一名小职员，这辈子之所以能走到今天，是源于自己的一个小秘诀，每次发生糟糕的事情，我总是安慰自己：一切都会好的，事实原来比这个更糟糕。"其实，主持人所说的秘诀，就是一种自我暗示。在一部苏联电影里，警卫员瓦西里坚定地告诉妻子："面包会有的，牛奶会有的，一切都会有的。”这其实也是一种心理暗示，积极的心理暗示可以让我们摆脱坏心情的枷锁，重新找回久违的快乐。

一位哲人见生活贫困的朋友整天愁眉苦脸，他就希望自己能够找出一个方法让朋友重新快乐起来。但是，无论哲人怎么说，那位贫困的朋友就是快乐不起来，反而认为哲人是在奚落自己。为了让朋友接受自己的建议，哲人想出了一个好办法，他对那位朋友说：“你愿不愿意离开你的妻子？愿不愿意丢弃你的孩子？愿不愿意拆掉你的破房？”那位贫困的朋友坚决地摇摇头，哲人接着说道：“对啊！你应该庆幸自己有一位默契的伴侣，庆幸自己有一个可爱的孩子，庆幸自己有一间温暖的旧屋，你应该为此感到高兴啊！”听了哲人的话，那位朋友的愁苦脱离了眉梢，忧郁离开了额头，重新开始快乐起来。

不难想象，如果没有哲人的帮助，也许，那位贫困的朋友依然愁眉苦脸。他始终不能摆脱坏心情的枷锁，这是因为他不懂得自我暗示，如果他告诉自己“你要快乐起来”“快乐才是你所需要的”“贫困只是暂时的，一切都会好起来的”，那么，在这样的不断暗示下，他会发现即使是拮据的生活依然可以令自己由衷地感到快乐。

其实，一个人的快乐与不快乐，通常不是由客观条件的优劣来决定的，而是由自己的心态以及情绪来决定的。在生活中，无论遇到多么糟糕的事情，不要沮丧，不要生气，暗示自己：一切都会好起来的，那么，我们就可以从那些困难、不幸中重新挖掘出新的快乐来。

1998年7月21日晚，在纽约友好运动会上意外受伤后，默默无闻的17岁中国体操队队员桑兰成为了全世界最受关注的人。那确实是一个意外，当时，桑兰正在进行跳马比赛的赛前热身，从她起跳的那一瞬间，由于外队教练的一个“探头”动作干扰了她，导致她动作变形，从高空栽倒在地上，而且是头着地。个性温顺的桑兰在遭受到如此重大的变故后却表现得相当乐观：“我相信一切都会好起来的。”她的主治医生说：“桑兰表现得十分勇敢，她从来不抱怨什么，对她我能找到表达的词语是‘勇气’和‘乐观’。”

或许，正是那份积极的心理暗示铸就了她坚强、乐观的性格，美国称她是“伟大的中国人民光辉形象”，在美国住院的日子里，许多美国民众都会去看她，并不只是因为她受伤了，而是为她的精神所感染。是的，一切都会好起来的，在这样的信念下，桑兰逐渐好了起来，直到今天，她依然没有离开世界人民的视线。

美国心理学家霍特曾举过这样一个例子：有一天，弗雷德感到自己的心情很差，以前，在这样的时候，他通常都是把自己关起来，不见任何人，直到心情变好为止。但是，这天，弗雷德知道公司要举行重要的会议，所以，他决定装出快乐的样子。在会议上，他笑容可掬，心情看起来十分愉快，不过，令他自己感到奇怪的是，没过多久，他发现自己真的摆脱了坏心情的枷锁。

1.一切都会好起来

在生活中，我们每个人都有遭遇坏心情的时候，可是，我们应该清楚一点：如果我们没有办法改变事情，那就改变心情吧。时刻给予自己这样的忠告：一切都会好的，不管多么生气、愤怒，依然没有办法改变事情的结果，那么，不如选择一份好心情吧。当然，在很多时候，“一切都会好的”，无异于自我安慰，甚至，有的人说这是“自欺欺人”，但是，哪怕是自欺欺人，只要我们能获得平和的情绪，那又何乐而不为呢?

2.积极的暗示是一种自我安慰

坏心情，将会影响我们大脑的正常思考，麻痹我们的神经，使我们变得越来越堕落。如果任由这样的状态下去，不仅做不好任何事情，反而会把自己推向深渊。一份平和的情绪，有助于我们寻找到解决问题的办法，即使是安慰自己、欺骗自己，只要能让我们怀抱解决问题的希望，足矣，这才是行之有效的办法。在生气或愤怒的时候，给予自己积极的暗示，或许，一切事情真的会好起来的。

☞ 自控小贴士

其实，这就是一种心理暗示，不管自己的心情有多坏，都要告诉自己：一切都会好起来，表现出一副快乐的样子，到时候你就会发现自己真的摆脱了坏心情，变得快乐起来，这就是积极心理暗示的魔力。

如何化解内心焦虑感

成功大师卡耐基有时会回忆：“多年前的一个夜晚，邻居匆忙来按我家门铃，让我们一家去种牛痘以预防天花。惊恐的人们排着长队，多个接种站的两千多名医生、护士夜以继日地工作，这一切都是因为纽约有八人患上天花，其中死亡两人——800万纽约市民仅仅死亡两人。”这时，卡耐基发出这样的感叹：“我在纽约市居住了37年之久，可从没有人上门提醒我，要预防精神上的忧郁症，在过往的37年中，这种病症对人的损害，远胜天花万倍。”

其实，卡耐基这里所指的精神上的忧郁症，就是负面情绪的一种。在现实生活中，可以说，每十人中就有一人会精神崩溃，大部分源于忧虑和情感冲突，为什么人会受到焦虑的折磨？

吉姆是一位年轻的汽车销售经理，他的前途充满了无限希望。但是，吉姆的情绪非常绝望，他意志消沉，觉得自己要死了。甚至，他开始为自己挑选墓地，为自己的葬礼做好了一切准备工作。其实，吉姆的身体只是出了一点小问题，有时候会呼吸急促，心跳很快，喉咙梗塞，医生规劝：“你只需要坦然处理生活，退出自己热爱的汽车销售行业就行了。”

吉姆在家里休息了一阵子，但是，他还是满是焦虑和恐惧，于是，他的呼吸变得更加急促，心脏也跳得更快，喉咙依然梗塞。这时，医生劝他到外面去透透气，吉姆照做了，但依然无法阻止内心的焦虑和恐惧。一周过去了，吉姆回到家里，他感觉死神快降临了。朋友告诉吉姆："赶快打消你的猜疑！如果你到明尼苏达州罗切斯特市的梅欧兄弟诊所，你就可以彻底地弄清病情，而不会失去什么，赶快，立即行动。"吉姆听从了朋友的建议，他来到了罗切斯特，实际上，吉姆担心自己会在路途中突然死亡。

在梅欧诊所，医生给吉姆做了全面检查，医生告诉吉姆："你的症结是吸进了过多的氧气。"吉姆先是一愣，然后大笑了起来："那真是太愚蠢了，我怎样对付这种情况呢？"医生说："当你感觉呼吸困难、心跳加速的时候，你可以向一个袋子里呼气，或者暂时屏住气息。"医生递给吉姆一个纸袋，吉姆照办了，结果，他发现自己的心跳和呼吸都变得很正常，喉咙也不再梗塞了。当他离开诊所的时候，他已经变得容光焕发，原来这一切的症结都是因为内心的焦虑和恐惧。

焦虑和恐惧就是一种负面情绪，长期的焦虑和恐惧会让我们相信，某个想象中的事情变成现实，然而，就是在这样的消极心理中，那些预感中会发生的事情还是发生了，到最后，我们的焦虑和恐惧越来越严重，以至于身体真的出现了疾病。心理不健康，诸如焦虑或恐惧，会导致我们的身体不健康。

相比较负面情绪而言，积极的心态给人向上的信心和希望，鼓舞人不断地追求幸福生活。现代社会是一辆疾驰的列车，它更需要正面能量的驱动。

1．执着负面情绪会上瘾

当一个人总是沉浸在负面情绪中，时间长了是会上瘾的，这就好像吸毒一样。比如，失恋的女孩子总会想办法去打探前男友的消息，总也控制不住自己，一旦有渠道可以听到前男友的消息，她就兴奋。听到消息之后，或悲伤或高兴，但更多的是把她带到过去痛苦的感情世界里，结果，她越是强迫自己忘记，越是深陷其中。

2. 人总是可怜地想破罐子破摔

一旦一个人被负面情绪所困扰，在他体内全是负能量的冲撞，那他已经开始放弃自己了。不管怎么样，我们永远需要认清一个事实，那就是在这个世界上，没有谁可以打败你，除了你自己。假如你总是画地为牢，将自己牢牢设限在某个位置，破罐子破摔，那你永远走不出来。

☞ 自控小贴士

负面情绪就好像是劣质的汽油，会对列车造成致命的伤害，甚至引发故障导致抛锚，因此，我们只有创造更多的好心态，列车才能安全地驶向远方。不过，在消灭负面情绪，创造好心态之前，我们还需要了解为什么那么多人会遭受负能量的折磨。

摆脱拖延，学会及时行动

拖延，是一种对生活的错觉，人们总误以为，即便拖延一会儿也不会影响生活，所以为自己找到各种借口不去行动。戒掉拖延症最好的方法就是有效地行动，而非盲目地忙碌，只要作了决定，就立即去做。

想成功，就竭尽全力做今天的事

《塔木德》中写道："金钱能够储蓄，而时间不能储蓄。金钱可以从别人那里借，而时间不能借。人生这个银行里还剩下多少时间也无从知道，因此，时间更重要。"犹太人用投资来作比喻，投入多少不能用金钱来衡量，而是用时间来计算。他们觉得，在时间和金钱这两项资产中，时间显得更为重要。只有时间才是最宝贵的，他们还认为，当一个人认识到时间的宝贵的那一刻，他也会变得富有。犹太人由于时间观念极强，因此，无论是在生活中，还是在工作中，都极为珍惜时间。所以他们做任何事情的原则就是今天能完成的事情绝对不会拖到明天。

哈同在做看门工的时候，晚上还会用自己休息的时间阅读一些经济类的书；洛克菲勒更是愿意一天工作48个小时，来达到自己的工作量。他们都会在别人休息的时候继续努力地工作，于是，他们总能比别人多一些成功的机会。

1989年3月24日，埃克森公司的一艘巨型油轮在阿拉斯加不幸触礁，造成了大量原油泄漏，给当地的生态环境造成了严重的破坏。但是面对这一状况，埃克森公司公司一直没有作出大家期待的反应，这引起了国际社会的反感，导致了一场“反埃克森运动”，就连当时的美国总统布什也惊动了。最后，埃克森公司原油泄漏事件以形象严重受损且损失高达几亿美元而告终。

行动的天敌常常是人们的拖延，而能够停止拖延的最好办法就是马上付诸行动。犹太人只占全世界人口的0.2%，但全球约36%的财富都掌握在他们手中。其中的一个重要原因，就是犹太人会做行动的主人。我们做任何事情都要尽自己最大的努力，别把今天的事留给明天。做事情绝不要在那里拖延，而是要做到今天的事情今天做，时刻谨记“今日事，今日毕”。保持较强的时间观念，绝不拖延时间，也不浪费时间，总是致力于把一件事做好。

在犹太国家，不管你走进任何一个成功人士的办公室，你都会发现一个很大的特点：办公桌上从来看不见未处理的工作。

一直以来，闻名世界的犹太人有很强的时间观念，他们觉得浪费时间是非常可耻的。今天的事情一定是今天完成，明天还有明天的事情，绝对不会把今天的事情拖到明天，当然，把昨天的文件积压到今天也是非常不对的。

对犹太人而言，珍惜每一分钟的时间，然后去衡量它的价值，是十分重要的。所以他们养成了良好的工作习惯，文件从来都是当场签批。犹太人认为，当办公桌上堆着很多需要处理的文件，而刚好里面有一些是十分重要的文件时，如果未能及时处理，将会对工作、公司造成很大的影响，这简直是没有必要的麻烦。

一位著名的犹太商人这样说："对于商人而言，办公桌的文件大部分都是有业务往来的信件、商业密函等，里面的内容都是一些很重要的商业信息，有的内容可能是希望有业务往来，有的内容可能是商品交易。每一个文件都是一条有价值的商业信息，很有可能成为商人一个扩大业务的机会。想想看，那么多未处理的文件堆压在办公桌上，哪怕有一条需要马上回复的信息，等到第二天再处理，就为时已晚了。毕竟每个人的时间都是很珍贵的，客户迟迟没有收到这边的回复消息，对方也会选择放弃，另外选择业务伙伴。假如真的是这样，对商人而言将是莫大的损失。"

犹太人对这一点的意识非常强烈，所以，每一个犹太人对自己手中的文件都是非常重视的。甚至大部分的犹太人，会将这一部分称之为"第克替特时间"。

犹太人在上班时间里，专门安排了处理商务文件的时间。一般而言，在上班后的大约一个小时，犹太人称之为"第克替特时间"，也就是处理文件时间。他们在这段时间里，就会阅读前一天下班至今天上班之间所接到的商业文件，并逐一回信，用打字机将信打好，然后让秘书及时发出去。

通常在第克替特时间内，犹太人总是全神贯注地处理文件，追求高质量高效率地工作，他们会谢绝一切的打扰。假如有人到访，势必会影响阅读文件的速度和工作效率。

在犹太人之间，通常他们会说这样一句话："现在是第克替特时间"。这句话，在犹太人的话语里，有公认的意思，意思就是“谢绝会客”。

犹太人用第克替特时间来处理文件，这样能够做到高效率地办事。犹太人一般把“马上解决”这句话作为自己的座右铭，所以，他们特别注重办事的效率和时间。如果他们有事情，就马上致力于去找到解决的办法，而不是一拖再拖，他们极其重视时间观念。所以在他们看来，拖延昨天的工作，是最可耻的事情。他们力求今天的事情今天就能够完成，而不是拖到明天。

☞ 自控小贴士

如果认定是今天必须要完成的事情，就竭尽全力地去完成它，哪怕别人已经下班了，也要坚持把事情做完才下班。这会令我们养成做事严谨、珍惜时间的习惯，也是我们能够成功的一个重要条件。

不付诸行动，只能是纸上谈兵

朗费罗说：“我们命定的目标和道路，不是享乐，也不是受苦，而是行动。”胸有壮志宏图，但若不能付诸实施，结果只能是纸上谈兵，毫无实际意义。

有人说自己是一座宝藏，挖掘得越深，获得的越多。也有人说，自己是一匹奔腾的野马，重要的不是学会怎样提速，而是控制自己。

人有一种惰性，这种惰性经常导致计划落空。人在计划落空时又很容易形成新的计划，新计划其实是旧计划的翻版。结果就是，一项计划翻来覆去总没有结果，这是十分悲哀的事情。成就一番事业必须要雷厉风行，要有一种魄力，说干就干，一点也不拖延，这是成就事业的一种品格。

拖延是一种坏习惯，它会让人在不知不觉中丧失进取心，阻碍计划的实施。一个人如果进入拖延状态就会像一台受到病毒攻击的电脑，效率极低。拖延最常见的表现就是寻找借口，虽然目标已经确立了，却磨磨蹭蹭，像个生病的羔羊，没有一点精神。不论什么时候，他总能找到拖延的理由，计划当然就会一拖再拖，成功则遥遥无期。

安尼瓦尔是一名销售员，他为自己制订了一个完整的销售方案。他第一天到公司上班的时候，他没有去做销售工作，而是在办公室里听歌，他觉得他的销售方案太完美了，不用那么急着去做工作。第二天他仍然没有去做销售，他对自己说，我是学营销专业的，销售对我来说太简单了，不用急。结果一个月过去了，他没有一点销售业绩，老板只好把他开除了。但是老板很惋惜，因为他的销售方案确实非常完美，只是安尼瓦尔没有立刻去执行。

对一个渴望成功的人来说，拖延将成为制约他取得成功的桎梏。在公司没有一个老板喜欢有拖延习惯的员工，在家里没有一个妻子喜欢有拖延习惯的丈夫。

刚开始，哈里仅仅是一名美国海岸警卫队的厨师。偶然的一个机会，他为同事代劳了写情书这件事，然后他开始逐渐喜欢上了文字写作。

有了浓厚的兴趣，哈里开始给自己制订目标：花1～3年的时间写一本长篇小说。说干就干，他马上行动起来，每天不间断地写东西，不知道疲倦；把写好的文章寄发给各大杂志报社，希望能够得到人们的认可。

八年之后，哈里有一篇仅有600字的作品终于在杂志上刊登了。然而，他对此并没有灰心丧气，希望能在这件事上坚持到底。工作退休后，他每天坚持写作，稿费很少，他的欠款却越来越多。即便是这样，哈里依旧怀揣着当初喜欢写作的心情，朋友们表示不理解，纷纷劝导："请忘掉作家梦吧。"甚至帮他介绍了一份工作。哈里却说："我需要不停地写作，因为我依然喜欢，而且我想成为一名真正的作家。"

四年之后，哈里的小说《根》终于面世，当时引起了大轰动，光是在美国就发行了530万册。后来，这部小说还被改编为电视剧，有超过1300万的观众看过这部电视剧，在当时创下了电视剧收视率的历史最高纪录。

哈里终于成为了著名作家，不仅收入超过500万美元，还获得了普利策奖。

社会学家卢因曾经提出一个概念，叫"力量分析"，他描述了两种力量：阻力和动力。他说，有些人一生都踩着刹车前进，比如，被拖延、害怕和消极的想法捆住手脚；有的人则是一直踩着油门呼啸前进，比如，始终保持积极、合理和自信的心态。

所以，有了目标后，最重要的就是放弃任何借口，立刻将它付诸实施，并且坚持到底。我们常说，千里之行始于足下，就是要求我们行动起来，把心中的梦想通过立刻行动变成美好的现实。如果只是因为自己有一个美好的梦想就沾沾自喜，而忘记了行动的力量，那么无论天上的星星有多么漂亮，你也不能够把它捧在手中，无论对岸的风景有多么诱人，你也不能够亲眼目睹，无论海中的贝壳有多么美丽，你也不能够把它挂在你的胸前。

那么，拖延心理是怎么产生的呢？

1.潜在的恐惧心理

许多恐惧是我们意想不到的，许多人明明对一些事情充满着恐惧却不清楚自己到底在害怕什么，有的人声明自己并不害怕但他一直在逃避某些事情，这些就是潜在的恐惧心理。有的人越是逃避，越是害怕，为了逃避这些，只能慢慢拖延，比如，因害怕繁重的工作，就早上不想起床，总觉得有一种畏难情绪。

2.作息时间混乱

通常拖延症患者的作息时间表都是混乱不堪的，比如，盲目乐观地估计自己的能力，他会想在睡前加班将工作完成，事实上他根本不清楚自己是否能顺利完成；恐惧确切的时间，有的人十分恐惧时间，比如，总是等到主管催了一次又一次，才会交上自己的工作任务；没有具体的规划，拖延症患者根本不知道自己完成一件事情需要多久，也没办法说出自己的具体计划，他们总是想捍卫自己的自由，甚至想逃避时间的控制。

3.对最后期限的恐惧

拖延症患者行为与心理的矛盾表现为：一方面他们害怕时间不够用，担心没有时间；另一方面他们不到最后一刻决不采取行动，几乎不能提前开始行动。哪怕是之前开始行动，也没办法坚持下去，对于大部分喜欢拖延的人而言，他们的心路历程就是这样。

4.追求完美犹豫不决

有的人喜欢追求完美，当他们在做一件事情的时候，总是犹豫不决，改来改去，临到紧急关头也拿不定主意，无法作出决断，这些问题导致他们对自己应当做的行为一拖再拖。

☞ 自控小贴士

你是否有这样的表现呢？今天的事拖到明天做，六点钟起床拖到七点再起，上午该打的电话等到下午再打，每天要写的文章攒到最后时刻写，今天要洗的衣服拖到明天再洗，这个月该拜访的朋友拖到下个月。如果你有这些表现，那么你是一个十分喜欢拖延的人，应该立刻改掉这个坏习惯。

别把昨天的活拖到今天来干

曾有人问一个做事拖拉的人：“你一天的活是怎么干完的？”这个人回答说：“那很简单，我就把它当作昨天的活。”这就是拖沓的习惯，其实，拖沓岂止是把昨天的活今天来干，有人给拖沓下的定义为：把不愉快或成为负担的事情推迟到将来做，特别是习惯性这样做。如果自己是一个做事拖沓的人，那么，生活中我们大部分时间都在浪费，做一件事需要花很多时间来思考，担心这个或担心那个，或者找借口推迟行动，但最后又为没有完成目标任务而后悔，这就是“拖沓者”的典型特点。拖沓对于成功来说，是一个讨厌的绊脚石，拖沓的习惯阻碍目标任务的完成。所以，要想获得成功，就需要向目标立即奋进，拒绝拖沓。

说到拖沓的习惯，相信许多人都不陌生，因为在平时生活中，随处可以见到它的身影。在该工作的时候上网冲浪，总是对自己说：“明天再去做吧。”但是，正所谓“明日复明日，明日何其多”，在拖沓蔓延的过程中，我们错过了许多完成目标的机会。

有人说，阿尔伯特·哈伯德的一生是无比传奇的一生，他之所以能在多方面都获得成功，在于他从来不拖沓，不断地朝着自己的一个又一个目标而努力奋进。阿尔伯特·哈伯德是一位坚强的个人主义者，一生坚持不懈、勤奋努力地工作着，成功对于他来说是理所当然的。在《致加西亚的信》中，阿尔伯特·哈伯德讲述了罗文送信这样的情节："美国总统将一封写给加西亚的信交给了罗文，罗文接过信以后，并没有问：'他在哪里？'而是立即出发。"拖沓、懒散的生活态度，对许多人来说已经是一种常态，要想成为罗文这样的人，我们就应该拒绝拖沓。

1.做完事情再玩

假如你觉得自己蛮有工作能力，可以在很短的时间内将比较困难的事情做完，那就应该在接到工作任务时马上动手做，这样你完成事情之后就可以玩得更开心，而不是在玩时总想着工作的事情。

2.给自己定期限

假如你认为时间的紧迫感可以令自己发挥水平，那就需要给自己制订一个期限。假如你曾经有过几次临时抱佛脚的经历，却屡遭失败，那最好还是不要尝试这种方法。

3.学学时间管理

平时如果否经常为琐事烦恼，那就应该学会时间管理，最简单的方法就是要明确自己的目标，经常想想这件事不做对自己以后有什么影响。当你学会时间管理之后，往往能够及时地完成事情。

☞ 自控小贴士

通常来说，一个人成就的大小取决于他做事情的习惯，克服拖沓是做事情的一个重要技巧。我们要想完成既定目标，取得成功，就应该培养做事不拖沓的习惯，通过逐渐学习“吃掉那只青蛙”，不断地重复。一旦养成了这个习惯，“完成目标，马上行动”就会成为一件自然而然的事情。

主动负责，拒绝借口

不找任何借口，它所体现的是一种负责、敬业的工作精神，一种诚实、主动的态度，一种完美、积极的执行力。在很多时候，借口是毫无意义的。“没有任何借口”让自己养成了不畏惧的决心、坚强的毅力，以及完美的执行力。不管自己遭遇了什么样的环境，都必须学会对自己的一切行为负责。

巴顿将军曾这样回忆道：

有一天，我接到潘兴将军派遣的任务，即给豪兹将军送信。在这之前，我已经了解到豪兹将军已经通过了普罗维登西区牧场。所以，我要尽可能在天色暗下来之前赶到那里，结果我遇到了第七骑兵团的骡马运输队。为了更好地前进，我不得不向这支运输队要了两名士兵和三匹马，然后跟着这个运输队往前走。往前行进没多久，我又遇到了第十骑兵团的一支侦察巡逻兵。我告诉了他们我要去找豪兹将军，没想到他们却告诉我：“你可不要再往前走了，我们刚才巡逻了，前面的树林里全都是维利斯塔人。”我回答说：“尽管如此，但是我还是要给豪兹将军送信。”我继续沿着峡谷前进，在穿越峡谷的时候，我又遇到了费切特将军指挥的第七骑兵团和一支巡逻兵，他们全都劝我别继续向前走了。我笑着说：“因为峡谷里全部都是维利斯塔人吗？但是我还是要给豪兹将军送信。”他们表示不知道豪兹将军在哪里，所以我继续向前走，上天保佑我，我最终还是找到了豪兹将军，并把信亲手交给了他。

巴顿将军在完成任务的过程中，屡次被人劝阻：“不要往前走了，前面到处都是维利斯塔人。”当然，那些劝阻的人都是出于一番好意，这时如果巴顿将军心里正想寻找某个借口，那他完全可以停下来，不再继续前进。如果上级责问起来，他就会说:“当时我们已经走了很远，也没找到豪兹将军，而且前面到处都是维利斯塔人，实在是难以找到豪兹将军。”这听起来蛮符合情理，但仔细一推敲，不难发现这只是一个借口。有这样想法的人，往往就是用“借口”当挡箭牌的人。

张三和李四是两个裁缝师傅。有一次，他们在一起工作时，张三需要将手中的针交给李四。不过，就在快要交接的时候，张三手中的针掉到了地上，当时又是昏暗的傍晚，屋里光线很暗，实在不容易找到一根针。

在这个时候，他们应该怎么办呢？我们可以设想一下，起码会出现以下三种情况：

首先是，张三和李四开始吵架，李四指责张三没拿稳针，张三责怪李四动作慢了才会导致针掉在地上，他们一直在争论着这是谁的责任，压根忘了地上的针。

其次是，张三和李四纷纷表示应该先找到针才是正事，所以接下来的几个小时，他们都会在地上找针。

最后是张三和李四为了尽快找到针，分头行动，一个从这边开始进行找，一个从那边开始寻找。

那么，我们可以猜想一下，上面这三种情况哪种最有可能找到针呢？

几乎所有的人都知道第三种情况能最快找到针，如果总是埋怨对方，总是为自己找借口，事情永远也办不好。故事很简单，但是蕴涵的哲理很深刻，如果两个人各自为自己开脱，“这与我没关系”“这不是我的责任”，那么只能让麻烦越变越大，根本就不能解决遇到的问题。找各种借口为自己开脱，只会欲盖弥彰，这样一来，就会给自己的老板留下不能按时完成任务、能力差的印象。长此以往，这种人在公司的地位就会越来越低，其他人也不愿意和这种老是找借口的人合作，他们害怕有一天，这种人也会将所有的原因都推到他们身上，将自己身上的责任推得一干二净。

也有一些人在遇到问题的时候，不会想着找借口，而是尽快想到解决问题的办法，将问题解决。这样的人责任心很强，他们对自己做不到的事也不会找各种各样的借口，他们会真诚地说出自己为什么没能及时将问题解决，用各种办法在最短的时间内将问题解决。这样的人是不会轻易许诺的，如果真的许下什么诺言，他们一定会想尽各种办法实现诺言。

1.没有借口

即使有什么问题没有解决，也别费尽心思地去找各种借口为自己辩白，而是应将所有的情绪都放下，先解决问题，要知道，解决问题才是最关键的。

2.别推卸责任

在现实生活中，我们经常会听到这样或那样的借口。当人们做不好一件事情，或者完不成一项任务时，就会有很多借口在那里，在借口的遮挡下，他们很容易就学会了抱怨、推诿、迁怒，甚至愤世嫉俗。其实，他们都没发现，借口就是一个敷衍别人、原谅自己的“挡箭牌”，寻找借口，无疑是掩盖了自己的弱点，推卸了自己的责任。

☞ 自控小贴士

我们应该想尽办法去完成任何一项任务，而不是为没有完成的任务去寻找这样或那样的借口，即便是看似很合理的借口，也是不允许的，我们需要有一种不达目的不罢休的毅力。在生活中，我们要知道，做任何一件事情，只要我们努力去做，就不可能不会成功，千万不要把借口当作自己的挡箭牌，你不可能一辈子依靠“借口”而活。

用行动证明自己的能力

人生不应该停留在等和靠上，成功不会像买彩票那样充满侥幸，唯一需要的是制订计划并立即执行。不等不靠，现在就去做，表现出来的是一个成功人士应有的精神风貌。如果你是因为没有信心才迟迟不敢行动的话，那么最好的消除障碍的办法就是立刻去做，用行动来证明你的能力，增强你的自信，与其找借口，不如找方法。

李大钊曾经说过："凡事都要脚踏实地地去做，不弛于空想，不骛于虚声，而唯以求真的态度做踏实的功夫。以此态度求学，则真理可明。以此态度做事，则功业可就。"

吉姆在公司待了两年了，与他一起进公司的人早就升职加薪了，但吉姆还在原地踏步。每当老板对吉姆说："吉姆，为什么不去争取做一些有挑战性的业务呢？你在底层锻炼的时间已经够长了。"这时吉姆总是说："我觉得自己条件还不具备。"这时老板总会摇摇头，欲言又止。

最近，吉姆的一个同事又升职了，这样仅剩吉姆一个人在最底层了。吉姆觉得不服气，他去找老板说："为什么升职加薪都轮不到我呢？"老板说："吉姆，你还在为自己找借口，当你觉得条件尚不具备的时候，为什么不自己去创造一些条件呢？如果你用寻找借口的时间和精力去寻找一些恰当的方法，我想不用你来找我，我会主动给你升职加薪的。"

假如所有的行动都像发射火箭一样，在发射之前所有的设备、程序等条件都必须全部到位，行动只有在发射瞬间，那吉姆的理由确实是合适的。然而，在现实生活中，如果真的等到全部条件具备齐全之后才开始行动，那就会丧失机会。“条件不具备”其实也是自己逃避责任的借口，以条件不具备作为借口不行动，那只会延误计划，丧失机遇。如果我们觉得自己能力不足，那就要不去寻找自己到底哪里不足，而不是找借口说“我不行”。

面对很多事情，庸者只会说“那个客户太挑剔了，我无法满足他”“我可以早到的，如果不是下雨”“我没有在规定的时间里把事情做完，是因为……”“我没学过”“我没有足够的时间”“现在是休息时间，半小时后你再来电话”“我没有那么多精力”“我没办法这么做”……。

乔在公司工作已经三年了，直到现在还在原地踏步，仍然只是一个小职员。虽然他本人对此也感到十分苦恼，但是他毫无办法。乔的主管看见他这个样子，真有种“朽木不可雕也”的感叹。

这次，公司业务部新拉了两个客户过来，主管想给乔一个升职的机会，就把乔喊到办公室：“这次你去吧，客户都是比较好说话的，只要你能随机应变，就一定能完成工作任务。”乔显得有点犹豫：“我……我……我怕我不行。”主管有点生气了，但还是规劝道：“你看跟你一起进公司的人，发展最好的已经晋升到总经理的位置了，你还依旧这样，你也得为自己的工作尽份力量，为公司尽点责任。”看着恨铁不成钢的主管，乔硬下头皮接了下来。

等到第二天，已经准备出发了，乔来到主管办公室，支支吾吾地说：“主管，看来我真的不行，我怕到时候把这个客户得罪了，把业务丢了就不好办了，你还是另派一个人去吧。”主管气得说不出话来，只是一个劲地叹气。

乔是真的没有能力吗？不是，他只是在不断为自己逃避责任而寻找借口，比如，“我不行”“如果把客户得罪了怎么办，把业务丢了怎么办”等，这样的说辞其实就是借口。寻找借口的唯一好处，就是把属于自己的过失掩饰了，把应该自己承担的责任转嫁给社会或他人。这样的人来说，在公司里不会被老板信任，在社会里也不会成为大家信赖和尊重的人。

然而，遗憾的是，在现实生活中，我们经常听到这样或那样的借口。上班迟到了，会说“路上堵车”“早上起晚了”；业务成绩不好，就会说“最近市场不景气，国家政策不好，公司制度不行”。对这样一些整天寻找借口的人，只要他们用心去找，借口无处不在。结果，他们把许多宝贵的时间和精力放在了怎么样寻找一个合适的借口上，而浑然忘记了自己的职责所在。

1.找准自己的责任

不管做什么事情，都要记住自己的责任，不管在什么样的工作岗位上，都要对自己的职责工作负责。千万不要用任何借口来为自己开脱或搪塞，因为完美的执行力是不需要任何借口的。

借口是一面挡箭牌，找借口本身就是一种不负责任的态度。时间长了，对自己绝对是有害无益。这是因为你花了太多的时间去寻找各种各样的借口，不再努力去工作，不再想法设法地争取成功。对老板吩咐下来的任务，如果你不想做，就会去找一个借口；如果你想去做，那就会找一个方法，因此，找借口不如找方法。

2.不需要找借口

每天，我们需要对自己说："我是一个不需要借口的人，我对自己的言行负责，我知道活着意味着什么，我的方向很明确，我知道自己的目的，我怀着一种使命感做事情。我行为正直、自己作决定并且总是尽自己最大的努力。我不抱怨自己的环境，努力克服困难，不去想过去而是继续去实现自己的梦想。我有完整的自尊，我无条件地接受每一个人，因为在上帝的眼中，我们都是平等的，我不比别人差，别人也不比我好。作为一个没有任何借口的人，我对自己的才能充满信心。"

☞ 自控小贴士

其实，在每一个借口的背后，都隐藏着丰富的潜台词，那就是逃避困难和责任。不过，如果是智者，他就会说："我会尽力想办法的。"当许多事情已经形成了定局，我们只能寻找方法，而不是寻找借口。

懒惰是一切借口的来源

懒惰的人总是不断为自己寻找借口，但借口往往不会帮助你，只会害了你，所寻找的借口越多，你就会变得越懒惰。只动脑开始想借口而不愿意去做事情，然后把错误归咎于别人，每次都从别人身上找原因，而不是寻找自身的原因，这样只会使自己丧失前进的机会。

懒惰是借口的来源。在生活中，人们通常会说，“这不是我的原因，是因为他没有做好”“不是我不想学习，是因为我起床晚了一些”“不是我工作不努力，是因为主管看不上我”，这些语言是否听起来那么熟悉呢？是的，因为我们自己也经常说这样的话，寻找这样的借口来掩饰自己的懒惰。

罗马人一直信奉两个真理：勤奋与功绩。这两个真理被认为是罗马人征服世界的奥秘。在当时，罗马人尊敬的就是农业，哪怕一个刚刚从战场上凯旋的将军，也需要地走向田间劳作。正是由于罗马人的不懈努力和勤奋，使得古罗马越来越强大。

不过，当人们的财富和奴隶渐渐增加的时候，罗马人觉得劳动好像变得不那么重要了。于是，整个国家开始走向衰败，懒惰导致罪犯增多、腐败滋生，一个曾经代表世界文明的古罗马就这样消失了。

一位古罗马皇帝在临终时给罗马人留下这样一句遗言：“懒

惰是一种借口，勤奋工作吧！”当时，他的周围聚满了士兵。

懒惰会让人的心灵变得灰暗，会让他对勤奋的人产生嫉妒。一个懒惰的人总会寻找借口，看到别人获得了财富，他会说：“他只是比较幸运而已。”看到别人比自己更有才智，他只会说：“因为我的天分不如别人。”这样处处为自己寻找借口的人是难以获得成功的。

1872年，只有24岁的哈同一个人来到中国上海谋生。尽管，他看起来是一个年轻能干的小伙子，但事实上他穷得连一件像样的衣服都没有。当时他没有任何积蓄，也没上过学，不懂得任何技术，但是，他渴望在上海立足，通过自己的努力去挣钱。

哈同利用个子高的优势在一家洋行谋得了一份看门的生计，尽管很多人会看不起这份工作。不过哈同觉得没什么，自己也是通过工作挣钱，这是正当的工作，他希望以这份工作为起点，通过自己的不懈努力，积蓄能力，以后总会找到更好的工作。

哈同平时工作十分认真，尽职尽责，晚上休息的时候，他就会埋头苦读一些经济和财务的书籍，以此来提升自己。由于忠于职守的态度，他深得老板的喜欢，又善于学习东西，让老板觉得这是一个可造之材，于是，便把哈同调到了业务部门当办事员。

哈同继续努力工作，每天都在为如何做好工作而思考。经过努力之后，他业绩越来越出色，慢慢被提升为业务员、带班等职位。这时候，他的工资已经增加了，不过，心怀大志的他并不因此而感到满足，他想拥有自己的企业。

1901年，积累了资本和能力的哈同离职，开始独立运营商行，并命名为“哈同商行”，主要以经营洋货买卖为主。当时，他通过敏锐的眼光发现在中国上海相对比的竞争品并不太多，这样消费者就不能货比三家。所以，通过商行，哈同获得了高额的利润，哈同商行也越做越大。

哈同能够从一名看门工做到商行的老板，正是体现了犹太人的智慧。看门工这份工作，可能是大多数人都瞧不起的，要是别人是不愿意干的，他们觉得自己相貌堂堂，年轻高大，决不能屈于当站门雇员。可是哈同不这么认为，他认为这是他成功的一个起点。我们仔细观察哈同的工作历程，就不难发现他成功的秘诀，那就是“脚踏实地，循序渐进”。他对自己的每一份工作都做到勤勤勉勉，忠于职守，并且不急于求成，而是循序渐进地做下去，慢慢地登上了成功的宝座。

1.懒惰是借口的来源

懒惰是借口的来源，如果我们不想再为自己找借口，那就必须让自己变得勤奋起来。生活给我们每个人的是一样的平台，谁跑得快，谁就能第一个站在台上接受鲜花和掌声，假如你跑得慢，就只能在后面忍受别人的讥讽。

2.越勤奋越自信

一个永远勤奋而且乐于主动工作的人，将会得到老板甚至每个人的赞许和器重，同时，他还为自己赢得了一份重要的礼物——自信。

☞ 自控小贴士

假如你跑得慢，就需要比别人更勤奋一些。懒惰是一种习惯，勤奋也是一种习惯，既然都是一种习惯，为什么不把自己变得勤奋一些呢？克制懒惰，时间长了，我们就会变得勤奋起来，不再为自己的懒惰寻找借口，成功之手也会向我们伸过来。

控制欲望，远离外界的诱惑

每个人都有欲望，当欲望的念头滋生的时候，不妨问自己：我需要多少？想要多少？当你认清事情的本质时，可能许多念头就会放下了。修炼自控力，在于控制内心的欲望，远离外界的诱惑。

欲望源于爱与不满足

有一句话说得好：“得不到的永远在骚动。”人生本来就是一个体验的过程，得与失，不过是处在永恒的变化中。昨天得不到，并不意味着今天不会拥有；即使今天拥有了，也不意味着明天不会失去。如果是永恒，也只会在拥有的那一刹那，珍惜现在所拥有的一切，这才是我们所需要的、最好的方式。

有人说“得不到”和“已失去”的才是最好的，可能我们在不同的时间也会发出这样的感慨。那些没有实现的愿望，它们具有强大的力量，这样的力量就好像魔咒一般，笼罩在我们的头上，令我们迷恋水中花、镜中月，让我们对身边唾手可得的幸福和快乐视而不见。

得不到的让人渴望，已经失去的让人惋惜，对此，我们都很在乎。不过，如果我们仔细回想，就会发现，我们不停地眺望远方根本不属于自己的一切，反而模糊了离我们最近的幸福。有人说，人生要活得有分寸，是你的终究是你的，不是你的抢过来也会离开你，何必让自己这样狼狈呢？失去的东西，那是因为我们自己没有好好珍惜，与其为失去的东西而后悔，还不如好好珍惜眼前的一切，这才是生活的真谛。

1.得不到的东西不必强求

得不到的东西，那表示它根本不属于自己，又何必要强求呢？即便你强求来了，你也会发现自己并没有想象中的幸福；已经失去的东西，就已经过去了，即便你后悔再多，也挽回不了。与其为得不到和已失去而较真，不如好好珍惜当下所拥有的，这才是人生一大幸福。

2.你真正需要什么

如果我们能静下心来思考，就会发现，我们对于那些得不到或已失去的东西的执着，其实只是源于对没有实现的愿望的渴望。即便我们放弃现在所拥有的一些东西，不顾后果地想尽办法得到了那些当初未能得到的东西，把那些失去的东西找了回来，谁又能保证且诚实地说这些东西就是我们真正所需要的呢？

☞ 自控小贴士

人往往如此，得到的东西不珍惜，一旦失去才知道珍贵，漫漫人生，多少人感叹：覆水难收，后悔莫及。有时候，不是幸福太少，而是我们不懂得把握，并不是得到越多就越幸福，幸福就是珍惜当下所拥有的，这样才不会给自己留遗憾。

人不可能没有欲望，关键在于如何理性对待

弗洛伊德说：如果说欲望生产什么，那么其产品就是现实。如果欲望是能生产的，那么只有在现实世界才能生产，并且只能生产现实性。欲望是一组被动的综合，它们操纵着局部性的客体、流量及躯体，行使着生产单位的职能。现实是终端产品，是欲望被动综合的结果，即无意识的自发生产。欲望不欠缺什么东西：它不缺少客体。毋宁说，它是欲望中所缺少的主体，或缺乏固定主体的一种欲望。除非有压抑，否则没有固定的主体，欲望及其客体完全是同一种东西，是机器，是机器的机器。

欲望是一种机器，而欲望的客体则是与之相关的另一架机器。因此，产品是某种从生产过程中去除或减掉的东西：在生产行为和产品之间，有某种东西变得分离开来，因而给漂泊流浪的主体提供了一处居所。欲望的客观存在本身就是现实之物。

人生就是一次奇怪的旅程，有的人跌跌撞撞，在人生中迷失了自己的方向；有的人怡然自乐，微笑面对生活，把握了人生的幸福。也许，有人会感到疑惑，怎么会出现这样迥然不同的局面？因为，在人生的旅途中，除了美丽的风景，还有很多的诱惑，而每个人内心都有一个魔鬼，那就是欲望。当那些诱惑出现在人们面前时，就会激发起人们内心的欲望，为了满足内心的欲望，他们奋不顾身、倾尽一生，极力追求着，所以，他们在人生的路上跌跌撞撞，找不到失去的自我，痛苦地煎熬着。

每个人都有这样或那样的各种欲望，有的人喜欢权力，有的人喜欢金钱，有的人喜欢幸福，有的人渴望快乐。在他们的生活中，缺少着什么他们就渴望着什么，而且这样的欲望是惊人的。因为欲望本身的特点就是难以满足，喜欢权力的人当上了一个小科长，这或许算是美事一桩，但他觉得自己晋升的空间还很大，当了科长想当经理，当了经理想当总裁，就这样不断地循环下去，欲望越滚越大，扭曲了内心，他成为了欲望的奴隶。所以，如果你想赢得人生，就应该学会放下各种欲望，这样你才会轻松地面对人生，获得属于自己的幸福。

大学毕业后，小柯考上了公务员，在一个小镇上做一个小科长。或许，是因为学生气太重，有棱有角，他对任何事情都公事公办，严格按照上级所传达的文件处理一切事情。他这样的做法逐渐使自己处于一个被孤立的境地，同一个办公室的小张怪里怪气地说："果然是文学院的人才，酸腐啊酸腐。"小柯感到不解，难道人民的公仆不应该像自己这样吗?

到年底了，每个科室要上交一份人事报告，就是对各个科室的同志进行客观的评价，主要是由科长撰写，而且这样的评价会成为年度表彰大会的依据之一。小柯根据平时的观察情况写出了中肯的意见，其中对一名同事作了批评，因为他总是天天缺班，没有干过一件正经的工作。谁知道，这样的表述立即为小柯带来了灾难，原来那位同事是镇长的儿子，所以才这么放肆。小柯觉得自己说的很有道理，但是，上面并没有任何说法，最后还找了个借口撤去了他的科长职务，他成了一个闲职。

小柯觉得太受打击了，为了恢复原职，他仔细观察了周围同事的一言一行，逐渐感染了一些官僚风气。虽然，他心里觉得这好像违背了做人的原则，但是如果按自己现在的处境，会一辈子没有什么出息。于是，他开始融入到这个圈子，认识了许多达官贵人，聪明的他还懂得投其所好，花钱送一些礼物，说几句奉承话，没过多久，他就直接被任命为办公室主任。后来，他在官场里如鱼得水，镇长秘书、副镇长、镇长、市委书记逐渐晋升，成了许多同事羡慕的对象。看着自己的位置，小柯很欣慰，但他并没有觉得知足，有了权力，他更想要金钱、美色，许多想依靠他这棵大树的不同行业的人纷纷送名车、递香烟、送美女，小柯的日子过得很逍遥。

但好景不长，纪委很快把他锁定为重点目标，在经过一段时间的调查之后，发现他受贿金额巨大，他当即被革职并被带到了纪检委。

小柯从刚开始的青涩走到了阶下囚，这是一个难以琢磨的过程，更是一个令人反思的过程。欲望就像毒品，是会上瘾的，当你一次满足了之后，就会不断地想满足更多的欲望，那根本就是一个无法填满的无底洞。当然，每个人都有一定的欲望，这是正常的，它可以促进我们不断地奋进，这也是一种自我肯定。但是，如果你的欲望过于强烈，就不再是对自己存在的肯定，相反，你甚至会否定或取笑别人的存在，到那时候，人将被欲望所控制着，成为欲望的奴隶。学会放下欲望的人是自由的，因为没有了禁锢，他也就没有了烦恼，所以是自由的。也许，在你的心中也会有种种的欲望，或金钱，或权力，但是，如果你要想赢得自己的人生，掌控你的幸福，那么就要放得下那些欲望。

谁也不记得欲望是怎么来的，它似乎是人类与生俱来的。即便是一个刚刚诞生的小生命，随着时间的发展，欲望也会在他身上不断地演变和繁殖。有物质上的衣食住行，有精神上的尊重、认可、快乐、自信、幸福、自由，这些不同的欲望在不同时间，不同地点，不同人身上尽情表演着，构成了多彩纷呈的世界，点缀了千姿百态的人生。

人类是欲望的产物，而生命则是欲望的延续。人不可能没有欲望，欲望也不会停止，它会伴随着人的一生。欲望的存在是无可厚非的，但是，人类是高级动物，可以控制自己的欲望，甚至放下自己的欲望，这是可以做到的。一个人就像是一条欲望的溪流，它流淌的不是溪水，而是人的各种欲望。

☞ 自控小贴士

欲望如水，水能载舟，也能覆舟，就看你如何去对待了。很多时候，我们抱怨生活太痛苦了，其实这就是内心的欲望无形之中为自己带上了枷锁，禁锢了自己的自由与生命。那么，当你感到沉重的时候，不妨放下内心的欲望，跨越生命，赢得自己的人生。

人的一生不应当只追逐名利

人生之名利如猛兽，生不带来死也带不走，看透不说透才是真正的智者。佛家说："打透生死关，生来也罢，死来也罢，参破名利场，得了也好，失了也好。"名利，说白了，不过是身外之物。一个人从呱呱坠地到成长过程中，越是长大，他追逐名利的思想就越厉害。从古至今，人们无时无刻不在为名利而追逐，尔虞我诈，不惜血本，有的甚至以牺牲生命为代价，有的人为了一时既得的利益，竟然违背自己的良心，这种对名利的追逐其实就是一种人生的痛苦与悲哀。

于连出生在小城维立叶尔郊区的一个锯木厂家庭，从小身体瘦弱，在家中被看成是"不会挣钱"的、不中用的人，经常遭到父兄的打骂和奚落。卑贱的出身使他常常受到社会的歧视，但他从小就聪明好学，在一位拿破仑时代老军医的影响下，崇拜拿破仑，幻想着通过"入军界、穿军装、走一条红"的道路来建功立业、飞黄腾达。

在14岁时，于连想借助革命建功立业的幻想破灭了。这时他不得不选择"黑"的道路，幻想进入修道院，穿起教士黑袍，希望自己成为一名"年俸十万法郎的大主教"。18岁，于连到了市长家中担任家庭教师，而市长只将他看成是拿工钱的奴仆。在名利的诱惑下，他开始接触市长夫人，并成为了市长夫人的情人。

后来，与市长夫人的关系暴露之后，他进入了贝尚松神学院，投奔了院长，当上了神学院的讲师。后因教会内部的派系斗争，彼拉院长被排挤出神学院，于连只得随彼拉来到巴黎，当上了极端保皇党领袖木尔侯爵的私人秘书。他因沉静、聪明和善于谄媚，得到了木尔侯爵的器重，以渊博的学识与优雅的气质，又赢得了侯爵女儿玛蒂尔小姐的爱慕，尽管不爱玛蒂尔，但他为了抓住这块实现野心的跳板，竟使用诡计占有了她。得知女儿已经怀孕后，侯爵不得不同意这门婚事，于连为此获得了一个骑士称号、一份田产和一个骠骑兵中尉的军衔。于连通过虚伪的手段获得了暂时的成功，但是，尽管他为了跻身上层社会用尽心机，不择手段，然而最终功亏一篑，付出了生命的代价。

有人说，于连身上有着两面性的性格特征。于连最后在狱中也承认自己的身上实际有两个我：一个我是“追逐耀眼的东西”，另一个我则表现出“质朴的品质”。在追逐名利的过程中，真实的于连与虚伪的于连互相争斗，当然，他本人内心也是异常痛苦的。最终，因不断地追求名利，让自己心力交瘁。

正所谓“一语天然万古新，豪华落尽见真淳。”陶渊明不为“五斗米折腰”的气节，更是不断鼓励着后代人要以天下苍生为重，以节义贞操为重，折腰时心已愧，不趋炎附势，保持善良纯真的本性，不为世上任何名利浮华所改变。

1.过分地追名逐利会使人身心疲惫

人们对来自他人的奴役，都能够保持高度的警惕，而对来自身欲望的奴役，很多人往往不能保持足够的警惕。因为对名利的追逐，使得我们的人生就好像一场战争，不断地追名逐利，结果自己一辈子都深陷在名利的旋涡中痛苦不已。

2.别活在虚荣感里

在每个人的内心深处，对名利是有着一定的渴求的。很多时候，一旦自己对名利的渴求得不到回应，人们便会灰心丧气，觉得人生无望了。其实，这只是一种较真心理，他们只是在计较自己不能获得名利带来的虚荣感而已。

自控小贴士

佛家说，假如真的能看透生与死，那也就看透了人们的生死虚妄。一个人，得名利时，如果十分欣喜，那就是一种生，也是一种死；一个人，失去名利时，如果痛苦万分，同样也是一种生，也是一种死。追逐和争夺名利的人，他们永远会在名利的旋涡中痛苦着、流转着。

修剪欲望，心自安宁

名利，多么具有诱惑力的字眼，同时，这也是很多人立足社会、搏击人生的主要动力。自古以来，名利就是许多人一生的奋斗目标，多少人为了光宗耀祖而削尖了脑袋挤进官宦之途，多少人因为人生的不得志而郁郁寡欢。但是，在名利场上，春风得意、踌躇满志的人毕竟是少数，大多数人都为名利而苦恼，为那些自己得不到的名利而较真。其实，人生的道路本来很宽阔，如果我们把目光都放在名利上面，那只会让我们的道路越走越狭窄；我们只有敢于抛下名利，才能活出真的自在。

冰心老人曾告诉我们："人到无求，心自安宁。"在冰心老人家一辈子的经历中，我们不难看出，清心寡欲，淡泊宁静，看淡功名利禄，正是她精神健康的奥秘。半个多世纪以来，冰心将全部的杂念全部抛到脑后，一心扑在为孩子们的写作、交流上，而孩子们也带给了她无限的安慰和喜悦。或许，正因为她心静如水，永远保持着童心，才使得自己在古稀之年也耳聪目明，思维敏捷。淡泊以明志，宁静以致远，我们才会活得洒脱自在。

一个人假如具备抛弃名利的人生态度，那面对生活时，他就会比常人更容易找到乐观的一面。他所看到的就是生活的美好，他不再对那些可望不可即的空中楼阁感兴趣。在纷繁的世界中，不去较真名利的争夺，在自己的心田，构筑一片宁静的田园，你自然会体验到简单的快乐。

自控小贴士

陶渊明伴着"庄生晓梦迷蝴蝶"中的翩翩起舞的蝴蝶，在东篱之下悠然采菊，面对南山，陶渊明选择忘记，遗忘那些官场中的丑恶与仕途的不达；清新淡雅，与世无争，为自己寻回了一方心灵的净土，超脱于名利之外，活得一身轻松。

耀眼的名誉只是暂时的

当一个人成功了，他所收获的不仅是利益，还有名誉。名誉与身份、地位是相关联的，它只是一种象征，一种隐语。不过，就中国传统文化而言，人们对名誉的重视程度丝毫不亚于其对权力与金钱的重视程度。对某些达官显贵而言，名誉问题至关重要，这是必须尽力维护的东西。在古代，人们看待名誉甚至比生命更重要，比如，古代的君臣，要穿什么衣服上朝，要在什么地点下跪，要以什么样的规矩书写奏折等，这些都是一种名誉的象征。对名誉问题呼声最高的莫过于“士可杀不可辱”，必要时，人们可以用死亡捍卫名誉。

不可否认，名誉是对一个人成功的奖赏，对其本人而言，应该值得去回味。但与此同时，名誉也是一个休止符，如果你满足于目前所拥有的名誉，不再奋斗，甚至将所有的心思都花在了如何保持自己的名誉上，那么，只会让自己停止前进的脚步。

1.看淡名誉，才能轻松前行

其实，名誉本身无所谓好坏，最关键的是在于你如何看待。人们往往容易忘却过去的失意愁苦，却舍不得那些名誉带来的耀眼光环。殊不知，只有告别过去，我们才能投入当下创造新的生活。学会看淡名誉，轻松前行，我们将会走得更远。

2.过分看重只会让自己背道而驰

因为放不下名誉，一些人一味地追求虚名与浮利，紧张忙碌，疲于奔命，最后在周围喧闹的欢呼声中迷失了自己；因为放不下名誉，他们害怕受打击，墨守成规，小心翼翼，满足于自己目前所拥有的成绩；因为放不下名誉，他们东奔西跑，请客送礼，只为保住自己的名誉，但最终与他们之前所得的名誉背道而驰、渐行渐远。

☞ 自控小贴士

虽然，在现代生活中，名誉并不如古代那般重要，但追逐名誉的人还是熙熙攘攘，络绎不绝。殊不知，名誉的光环只会笼罩一时，如果你一辈子都活在这个荣誉的光环之中，那无疑是停止了自己的脚步，同时也局限了自己的人生目标。

珍惜眼前，你将获得更多

有人说：“世间最珍贵的是‘得不到’和‘已失去’。”人们用尽了一辈子去验证这句话，可到了迟暮之年，他们才发现：原来，世间最珍贵的不是‘得不到’和‘已失去’，而是现在能把握的幸福。流年似水，人生苦短，世界上的许多人，固执地为了追求自己得不到或已经失去的东西，而放弃了眼前唾手可得的幸福，这是多么不值得啊！

孟子曰：“鱼，我所欲也，熊掌，亦我所欲也；二者不可得兼，舍鱼而取熊掌者也。生，亦我所欲也，义，亦我所欲也；二者不可得兼，舍生而取义者也。”人生漫漫长路，我们总是面对着得与失的艰难抉择，得与失就如同一对生死兄弟，有得必有失，有失必有得，这就是生活的哲理。其实，在很多时候，我们没有必要去计较得失，只要你怀着一颗感恩的心，珍惜眼前的生活，那么，你将获得更多。

世事变幻，风云莫测，祸福旦夕，谁也无法预测，唯有珍惜眼前拥有的幸福。如果你常常抱怨自己失去得太多，那么，不妨豁达一些，珍惜眼前，你就会发现：自己拥有的，并不比别人少。

人的幸福感永远都是在比较中存在的，幸福通常是感觉不到的，而我们感觉到的常常是不幸福。一个人可以健康地呼吸，他会认为这是最自然的事情，但是，忽然有一天，他生病了，才明白自由地呼吸是一件多么幸福的事情。其实，他没有得到什么，也没有失去什么，但是，经历过之后往往会更懂得珍惜眼前的生活以及自己所拥有的一切。

朋友最喜欢木棉花，因为它有美好的花语——珍惜眼前的幸福。身患重病的人会觉得健康是一种幸福，骨肉分离的人会觉得合家团聚是一种幸福。许多在雨夜中赶路被淋得浑身湿透的人都有过这样的感受，当他走进一家亮着灯的小店铺时，一碗热汤给人的幸福感往往是刻骨铭心的。为什么一定要等到失去才学会珍惜呢？人生总有得失，我们需要学会珍惜，懂得珍惜，这样才会使我们的生活多几分甜美，少几分遗憾，多几分幸福，少一些痛悔。

☞ 自控小贴士

在生活中，我们经常会感受到健康、自由、亲情、友情，这些都是极大的幸福，但是，我们在拥有它们的时候，并不知道珍惜。内心欲望的驱使，使得我们想获得更多的东西，其实，我们得到的已经很多了，只是不懂得珍惜而已。

重塑习惯，21 天养成周期

习惯似乎是一些非常明确的行为，但它们其实是一系列行为的组合。为什么好习惯难以养成，而坏习惯却不容易改掉？对于一些自控能力较差的人而言，需要重塑自己，通过21天固化练习，养成好的习惯。

自控力养成，从“吃”开始

良好的饮食习惯，可以有效培养自控力。近几年，满大街流行的词汇都是“亚健康”，刚开始我们不是很明白，“亚健康”不还健康着嘛，着急什么。

后来，我们才明白原来亚健康已经离疾病不远了。拿着亚健康的介绍一个个对比，发现自己不知不觉间也显露出亚健康状态了。这时候才猛然惊觉，过去这几年一直没有注意的饮食情况，导致了自己现在亚健康的状态。正所谓“防患于未然”，如果你对那些所谓的“健康饮食”抱以不屑的态度，仍然随意粗鲁地对待自己的胃，或许你已经踏上亚健康之路。所以，为了我们的身体健康，需要改掉那些不健康的饮食习惯，保持自己的饮食健康。

可能有人还在疑惑，亚健康到底是什么？用比较通俗一点的话说，就是你已经接近生病了，虽然从表面上还看不出什么具体的症状，自己也没有明确地感觉到身体上有什么不舒适的状态，但是也许就在你转头的那一刹那，可能疾病就已经出现了。当真正的疾病来临时，你可能还在迷惑之中：身体不是好好的吗，怎么说病就病了呢?

其实，这是因为你没有及时地认识到自己的身体已经处在了亚健康的边缘。如果在疾病没有来临之际，你能通过自己身体的一些异样来发现身体的状况，使身体从亚健康状态中恢复过来，那么就避免了去医院的“厄运”。如果你最近觉得记忆力减退，开始忘记熟人的名字；如果你最近做事情经常后悔，容易发脾气，难以控制自己的情绪；如果你最近注意力老是不集中，精力也越来越差；如果你最近处于敏感紧张状态，惧怕任何人任何事；如果你最近容易疲乏，莫名其妙地感到体力不支……假如这些所描述的情况都出现在你的身上了，那么你要保持警惕了，也许你正处于亚健康状态，为了保持身体的健康，首要任务就是要保持健康的饮食。

梦洁刚刚大学毕业，在家人、朋友的帮助下找到了一份不错的工作，每个月薪水不少，唯一不足的就是太忙了，忙得都没有睡觉的时间。所以，早上为了能赖那么十几分钟的床，她索性就省去了早餐。有时候，闻着隔壁小吃店的美味，她也会忍不住买点东西吃。但是，她从来不喝牛奶吃面包之类的，她觉得那样的饮食搭配显得寡然无味，还不如吃点油炸食品。

中午的时候，当别的同事都出去吃饭了，梦洁还在公司忙碌着，经常都是喊外卖，吃着快餐店的饭菜，她都分辨不出什么是美味、什么是难吃，只要能吃饱就好了，这样下午才有力气工作。在她看来，中午这顿不用花多少心思，因为白天大家都忙，还不如留着肚子晚上吃个痛快。傍晚，梦洁结束了一天的工作，约上几个好朋友去酒吧玩，喝酒唱歌跳舞，好像把白天工作所带来的那种压力都摆脱得一干二净。玩到很晚，大家才散伙，因为在酒吧只顾着喝酒，这时候才发觉饿了，于是梦洁会再吃点路边的烧烤，或者回家煮包泡面。

她从来没有觉得自己的饮食有什么问题，直到最近她觉得身体不太对劲。在医院，当医生把“亚健康”这样的字眼抛给梦洁时，她有些不相信，自己才刚刚大学毕业正值青春年华，怎么会处于亚健康状态了？医生笑着说：“就是你们这个年龄，自认为太年轻了身体就很好，不珍惜身体，不注意饮食，所以才会亚健康。你们要特别注意自己的饮食习惯，否则还会引发身体疾病。”梦洁拿着医师开的营养饮食清单，心里却在想，自己还真舍不得那深夜的美味烧烤呢！可是，一方面又是身体的健康问题，她陷入了纠结。

也许，我们身上都有梦洁的影子，不讲究早餐午餐的营养，却贪念深夜的美味烧烤。但是，如果不良的饮食习惯和身体健康摆在面前，自己又会作出怎么样的选择呢？虽然受到了医生的警告，但有的人还是“不见棺材不掉泪”，任性地折腾自己的身体，直到躺在了医院才发现事情的严重性。

1.注意饮食搭配

当然，想要以健康的饮食来“吃”掉亚健康，我们还应该在饮食的营养搭配上下功夫。如果你感觉烦躁且易失眠健忘，你就可以选择多摄取一些含钙、磷的食物，如大豆、牛奶、鲜橙、葡萄、土豆、蛋类；如果你觉得神经有些敏感，那就多吃蒸鱼，还要适当加一些绿叶蔬菜，还可以少喝些葡萄酒；如果你觉得体质比较虚弱，那就多吃炖鱼，在吃饭之前可以小睡一会儿；如果你整天对着电脑，觉得眼睛很疲劳，你可以在中午吃一份鳗鱼，或者吃点韭菜炒猪肝也很有效；如果你觉得大脑比较疲劳，可以吃点坚果类，诸如花生、瓜子、核桃，可以健脑，增强记忆力。

2.保持健康饮食

保持每天的健康饮食，营养师建议：早餐吃饱为好，应喝豆浆或牛奶，外加一个苹果，千万不要吃油条，尽量少去早餐店吃饭，在家弄点全麦面包或馒头花卷小菜；午餐有条件的话可以吃点鸡、鱼、粗粮；晚餐六七分饱就可以，但一定要杜绝油炸食品而且不要喝酒，睡前可以喝点牛奶或红葡萄酒。所以，从现在开始舍弃那些不良的饮食习惯吧，选择这样健康的饮食，远离亚健康状态。

3.改掉不良的饮食习惯

早上若是感觉不怎么饿，就干脆不吃早餐，也省去了麻烦，如果实在是要吃早餐，也会去小摊买点油炸食品；中午休息时间太短了，直接到快餐店来份午餐，匆匆解决掉；晚上几个哥们儿姐妹一起海吹喝酒聊天吃火锅，玩得不亦乐乎；直到深夜了还会在街上吃点夜宵再回家……这样的生活虽说不上滋润，却过得很惬意。但这些都是不良习惯，只有改掉，才能摆脱亚健康状态。

☞ 自控小贴士

其实，我们应该作出正确的选择，改掉不良的饮食习惯，摆脱亚健康的影子，恢复自己的健康身体。当你的身体处于一个健康的状态时，心情自然也会好起来，工作也有干劲儿了。你会发现生活原来是那么地美好。

养成每天运动的习惯

生命在于运动，运动让人们焕发出青春与活力，重现年轻的光彩。在现实生活中，不可否认运动为我们的生活带来了生机与活力，展现了不一样的激情。随着生活节奏加快，生活工作的压力接踵而至，我们的身体开始发霉了，逐渐不再有往日的灵活，也许，有人会问到底是什么造成了这样的状况。

其实，这就是缺乏运动的后果。运动可以给我们身体带来诸多益处，它可以化解你心中的压力，大汗淋漓之后你已经忘记了超负荷的重担；它让你的身体得到了锻炼，延缓身体各个部分的衰老；它还可以无形之中增加你身体的抵抗力，让你免受疾病的干扰，总而言之，运动对身体是百利而无一害的。

实际上，适当健康的运动不仅带给我们健康的身体，还会影响到心理。每个人的心理状况、精神状况和身体状况是三位一体的、不可分割的。医学家经过研究发现，运动能使人的身体发生一系列化学变化，使运动者身体的血液中产生一种能让人欢快的物质，即内啡肽，因而有人认为运动可以防治抑郁症的发生。

适当的跑步运动是健康运动，但运动量较大的长跑运动或者马拉松运动则会威胁到我们身体的健康状况，因而，那些拥有较大运动量的运动对于普通人来说，反而是一种不健康的运动。

运动对于我们的身体来说是至关重要的，但是我们在运动时还需要保证适量。运动量过大，有损健康；如果运动量过小，则不足以达到锻炼的目的。因此，掌握适度的运动量，才能有益于身心健康。另外，你所选择的应是健康向上、远离危险的运动，这样才能有效地达到运动预期的目的，使身体保持一个健康的状态。

1.选择“健康”运动

登山、赛车、攀岩等一系列危险性较大的运动，其实并不适合普通人，它们都需要专业的运动素养，或者在有最大限度的安全措施而自己又比较擅长的情况下，才有可能避免一些身体上的伤害。其实，如果不是作为一种嗜好的运动，实在不建议一个普通人去选择这么一些危险的运动。运动的目的在于保持身体的健康，如果运动本身就有可能给身体带来很大的伤害，那么不如放弃这些不怎么“健康”的运动。

2.日常运动

实际上，运动充斥着我们日常生活的每个角落。也许，还有人认为运动是必须穿着运动装出门去进行的运动，那你的观念已经落后了。运动也并不一定要进健身房，它可以是任何时候身体的运动。在现代社会，一些经常性的适度运动可以增进健康，进而维持健康，消耗热量。比如，饭后散散步、溜冰、在家做做清洁、跳舞、爬楼梯等都算是运动，也许有人会问“爬楼梯也算运动吗”，在高科技发达的今天，“爬楼梯”真的算是一项运动。现在，一般的住宅区都有了电梯，虽然这省去了不少麻烦，但一定程度上也懈怠了身体的运动量，有的人哪怕是住在三楼，他也会选择坐电梯而不是爬楼梯，所以，这时候爬楼梯就成了一项运动了。

3.只要有运动的决心，时间会有的

其实，只要是做健康的运动，都会对自己的身体起到一个维持健康的作用。如果你想达到防病保健的作用，那就每天做消耗150卡热量的运动，最好是让运动成为你生活的一部分。有的人抱怨“工作太忙了，哪有时间运动”，实际上，只要你有运动的决心，时间是会有的。坐公交车的时候，提前两站下车，走两站的路程；晚上下班了回家，爬楼梯代替做电梯；上班坐久了可以伸伸懒腰，走动一下；在家边看电视边坐运动或者趁着广告的时间做运动；带小孩出去郊游、逛街。当然，选择运动的时候，要舍弃那些不“健康”的运动，养成运动的良好习惯，使自己的身体保持健康的状态。

☞ 自控小贴士

当然，我们这里所说的运动只是适当的运动，而且是健康的运动。如果你没有控制好适当的运动量，又选择了危险、不健康的运动，那么运动只会取得相反的效果。所以，为了保持自己的身体健康，不要懒惰，保持运动的良好习惯，而且要懂得选择一些健康的运动。

别熬夜，养成早睡早起的习惯

熬夜，成为时下不少人的生活常态。网络一项“熬夜健康调查”显示，超五成网友表示经常或一直在凌晨0点后入睡，有18.18%的人通常凌晨1点后才睡觉。很多人平时熬夜缺觉，到了周末或节假日就猛补，一睡就是一天，早午饭常常在睡梦中被省略掉。

要防止疲劳和忧虑，坚持正常休息，别养成熬夜的习惯。哈佛医学院的华特·坎农博士解释说：“绝大多数人会觉得人的心脏每天不停地跳动，其实，心脏在每次收缩之后，它就会完全安静一段时间。当心脏按照正常速度每分钟跳70下时，它一天的工作时间仅有9小时，即它一天休息的总时数为15个小时。”而一个人身体疲劳积累的速度是异常快速的。

王小姐是某外资公司的人事负责人，每天都要使用10小时左右的电脑，手机是联络工具，因此，她长期处于一种低幅射的状态中。在经过了一天忙碌的工作后，晚上，有时候她会去酒吧和朋友们放松一下，不去酒吧的时候喜欢在家里上网。她说自己是个夜猫子，每天用来休息睡觉的时间很少，到周末，就好好恶补一下睡眠。

虽然自己很关注身体的健康状况，也买了几瓶直销的保健品，诸如蛋白粉之类的，但最近她总感觉肩部疼痛难忍，非常不舒服，另外还有头晕，工作也没有精神，晚上睡觉也不太好；另外，还经常感觉到腰部疼痛，她的腰也曾经有不舒服的时候，有一段时间去一家盲人按摩院按摩后便有了好转，所以也没放在心上，直到现在才意识到问题的严重性。她向上司请了假，专门去医院体检了一次，才发现自己身上已经出现了多种职业病的症状，看着那密密麻麻的报告书，王小姐显得十分吃惊。

熬夜对我们的身体有很大的危害，熬夜的人经常吃宵夜，不但难消化，第二天早上还会食欲不振，造成营养不均衡，肥胖是看得见跑不掉的下场。此外，熬夜剥夺了胃肠道休息的机会，容易导致消化性胃溃疡、十二指肠溃疡、功能性消化不良等疾病。

熬夜时人处于紧张状态，得不到放松，容易造成血管收缩异常，血压比正常人高，从而诱发高血压。长期黑白颠倒不仅会使人脾气变坏，还会增加心脏病风险。睡眠不足易造成内耳供血不足，伤害听力，长期熬夜还可能导致耳聋。

熬夜者的交感神经在夜晚保持兴奋，到了白天就会出现没精神、头昏脑涨、记忆力减退、注意力不集中、反应迟钝等状态。时间长了，还会出现神经衰弱、失眠等问题，严重的甚至会导致抑郁症。不规律的睡眠会影响内分泌代谢，造成皮肤水分流失，容易导致皮肤暗淡、皱纹、暗疮、黑眼圈等。熬夜相当于超负荷用眼，黑眼圈是免不了了，还可能导致视力功能性减退。

日常生活中，那些习惯晚睡熬夜的人，如同上瘾了一般。明明告诉自己“我今天一定要早睡”，身体却很诚实，即便是躺倒在床上，也可以刷手机到凌晨，说好的早睡，最后也只能一笑了之。

一年之计在于春，一天之计在于晨。大家都知道早睡早起身体好，养成早睡早起的好习惯，不仅会让身体保持一个良好的状态运转，还会使你受益终生。那么，如何养成早睡早起的习惯呢？

1.阶梯式早睡

如果你是资深的夜猫子，那不妨以半个小时为限制，阶梯式提前睡觉时间。比如，平时习惯12点睡觉，那不妨让自己11点半睡觉，并坚持一周，然后再设定11点睡觉。循序渐进，调整至10点左右睡觉就是最好的睡眠休息时间了。

2.养成锻炼的习惯

最理想的健身时间莫过于下班后的时间，一般而言，运动锻炼之后3个多小时，全身体温开始下降。此时，身体便会疲惫，应该早点睡觉，这样就可以轻松进入睡梦，从而养成早睡的习惯。

3.完成今天的任务

白天高效率完成当天的任务，别拖拉，一旦拖延，就喜欢把事情拖到晚上去做，那睡觉时间自然就会被拖拉占据一大部分了。高效率地完成今天的任务，提前把事情做好，为睡眠留出必要的时间。

4.别把手机放在床头

很多人，早上一睁开眼睛的第一件事情，就是看一下手机，看看朋友圈有没有更新等。每天晚上睡觉之前，也要看手机。这样不仅伤眼，还会影响睡眠质量。而且，睡觉时将手机放在旁边，手机的辐射对人体也会造成一定的伤害，因为人们在睡觉的时候对外界的防御能力是很低的。

5.醒了就马上起床

明明已经被闹钟叫醒，又因为意志力不够“床体分离失败”。为避免这种情况的发生，一旦被闹钟叫醒，就要马上起来，切忌转头继续再睡。然后你就可以马上开始洗漱啊，收拾啊，做各种事情让自己精神起来。

6.养成吃早饭的习惯

坚持早起吃早饭，非常有利于身体。坚持吃早饭，这样身体就会养成习惯，当你早上不起床的时候，你就会被饿醒，这也是一个好方法，让身体的感受唤醒你新的一天。

☞ **自控小贴士**

一般晚上11点后入睡或者一夜不睡都属于熬夜，人体自我修复排毒的活动一般都是在晚上11点到凌晨3点之间。很多人发现，过了这段时间，人突然就不想睡了，变得很精神然而，第二天一整天，你都会感到疲惫。也会觉得不够或者补不回来。

每天控制玩手机的时间

信息时代，智能手机已经进入到人们生活的方方面面，除了可以打发每个人的碎片时间，此外，购物、社交，甚至工作都可能需要用到手机。人们每天使用手机的时间越来越多，你每天花多少时间玩手机呢？

特恩斯市场研究公司（TNS）是一家全球性的市场研究与资讯集团，他们最近的一项研究显示，全球16～30岁的用户每天使用手机的时间，平均为3.2小时，而中国手机用户的平均使用时间为3.9小时，在TNS的调查结果中，中国用户每天使用手机的时长仅次于泰国的4.2小时，位列全球第二。换而言之，大部分中国人24小时中，除去睡觉的8小时和吃饭的2小时，剩下的14个小时里，除工作没有空玩手机外，剩下的时间有接近4个小时在使用手机，几乎占到了所有剩余时间的一半。

那么，人们每天用手机都在干什么呢？根据调查结果显示，使用社交网络和观看视频分别以46%和42%的比例占据使用频率的前两位，而在线购物以12%的比例位列第三。刷刷朋友圈，看看微博，逛逛淘宝、京东等，这些基本上是手机使用频率最高的行为。

你是否有计算过自己每天花了多少时间来刷朋友圈？现代社会的电子产品更新越来越快，社交网络越来越发达，越来越多的人成为低头族，吃饭时刷朋友圈，走路也刷手机，上厕所时手机似乎比手纸更重要。那么，你花在手机上的时间有多少呢？一小时？两三个小时？三五个小时？还是五个小时以上？有人甚至说，手机是现代人离不开的唯一东西。每天起床都会随手打开手机，点开微信朋友圈去看动态，一条一条往下翻，看到朋友的动态会随手点个赞，看到有意思的内容再评论一下。刷着手机，可能半个小时很快就过去了，因为总是玩手机，给人们一个错觉：玩手机时时间很快就过去了，上班时总感觉时间好难熬。

大部分人都玩手机上瘾、刷朋友圈上瘾，每天有空时就去刷下朋友圈，甚至有种感觉，工作一会儿就喜欢去点开看一下。其实很多时候别人都没有更新动态，刷了几次还是那几条，但是脑子就像着魔一样，总是想去看看。

手机的高频率使用，导致一大批手游滋生。平日里喜欢在电脑上玩游戏的人，开始将注意力集中在手机，毕竟比起电脑而言，手机更便于携带、更好操作，于是，人们花了更多的时间利用手机玩游戏。

13岁的小松刚上初中，为了他更好地学习，父母为其添置了电脑，主要用于查资料。平时小松只是在学习之余才上上网，大部分时间都用于学习。

不过，近一段时间，小松用电脑的频率比较多，经常是晚上就躲进家里的书房，一个人玩电脑。刚开始，父母还以为小松只是用电脑在学习，也没多注意。

后来有一次，父亲无意间经过书房，打算看一下小松的学习情况。推开房门才发现小松根本没有在学习，而是在玩游戏。父亲当即十分生气："小小年纪不学好，玩什么游戏，这会让你成绩直线下降的！"小松很无辜地看着父亲，说："可是班里的同学都在玩王者荣耀，他们天天谈论的都是游戏里的角色，我发现自己根本插不上嘴，我也是受他们影响，而且好多同学都会直接带手机去学校里玩，我只是晚上玩一会儿。"父亲当即打电话给老师了解情况，才知道不仅初中生，连小学生都陷入了这款游戏的诱惑之中，面对这样的环境，父亲表示很无奈。

其实，把花在手机上的时间拿出来关注自己，你会得到更多。努力工作你会得到报酬，生活中多点时间关心身边的亲人，让生活更温暖，而不是拿着冷冰冰的手机光在朋友圈关心关注那些你压根就不熟的人，而放任亲人在身边不闻不问，让亲情渐渐冷却。

曾有脑科学方面的专家对此进行研究后表示，每天长时间刷朋友圈会严重分散人的注意力。研究显示，脑的前额叶处理问题的习惯倾向于每次只处理一个任务。多任务切换，只会消耗更多脑力，增加认知负荷。因此，有科学家相信，这种"浅尝辄止"

的方式，会使大脑在参与信息处理的过程中变得更加“肤浅”，美国学者甚至以“最愚蠢的一代”来讽刺信息时代的低头族们。

1.多交朋友，丰富生活

在闲暇的时候，多进行瑜伽、打篮球、跑步、深呼吸等活动，让生活充实，同时也可以放松身心。不要让自己的生活太无聊了，当一个人无聊的时候，就会不断地用手机来填补空虚，好像手机是自己获取外界信息的唯一通道一样。

2.减少看手机、用手机的次数

下意识强制自己每几个小时才去查看一次手机。如果必须随身携带手机的话，就把手机放在包里，并强制自己不要频繁打开包查看手机。手机的长时间使用会形成一个习惯，对于习惯，是需要强制性才能改善的。

3.彼此提醒少用手机

其实很多人之所以使用手机的时间那么长，主要是因为在手机上打开微信、打开微博、打开百度，这样一个一个看下去，漫无目的，最终时间过去了，也不知道自己看了些什么。在生活和工作中，和与你较亲近的人协商好，让对方监督并提醒你，比如，在使用手机太久时提醒下，在一些场所提醒不要使用手机等。

4.删除不常用的程序

现在手机打开一看，有的人装了很多APP应用，有购物、旅行、理财、游戏、微信、QQ等。手机上装的应用太多，会影响手机的运行速度，而商家推送信息则会干扰我们的注意力。对于手机上一些不常用的应用，可以删除，既可以腾出内存空间，还能够减少干扰，何乐而不为呢？

5.找其他东西代替手机

不要一遇到问题，就想到手机，也许会有其他更好的方法，从而减少对手机的依赖。比如在上班路上可以选择看书来代替玩手机，拍照的时候，可以用数码相机代替手机。

6.坚持每天写日记

记下每天使用手机的时间和目的，这样可以让自己真正了解自己整天拿着手机是在做什么。也可以写一些你认为有意义的事情，让自己多发现身边的人和物，不仅可以戒掉手机瘾，还可以拓宽自己的视野，还可以锻炼自己的语言组织能力和表达能力。

☞ 自控小贴士

智能手机的出现确实让人们生活变得更加便利和丰富多彩，让人与人之间的沟通也变得更便捷，但也让人与人之间面对面的交流变得越来越少，人们可能更愿意用发微信的方式来和朋友之间交流，凡事过犹不及，别让手机占据了你全部的时间。

每日自省，坚持做更好的自己

其实，在工作和生活中，我们除了向别人提出问题之外，还要善于向自己提问。向自己提问，其实是对自己的一个很好的总结。在生活中，我们既不能时刻来反省自己，看清自己，也不能把自己放在局外人的位置来观察自己。因此，在大多数的时候，我们只能借助外界的一些信息来认识自己。所以，我们在认识自己时很容易受到外界信息的暗示，迷失在环境里，并习惯性地把他人的言行作为自己行动的参照。向自己提问，就是进行每日总结，以此来了解自己。

曾国藩在三十岁左右的时候，给自己制订了严格的修身计划，曰“日课十二条”，主要包含了以下内容：

（1）主敬：整齐严肃，无时不惧。无事时心在腔子里，应事时专一不杂。清明在躬，如日之升。

（2）静坐：每日不拘何时，静坐四刻，正位凝命，如鼎之镇。

（3）早起：黎明即起，醒后不沾恋。

（4）读书不二：一书未完，不看他书。

（5）读史：念二十三史，每日圈点十页，虽有事不间断。

（6）谨言：刻刻留心，第一工夫。

（7）养气：气藏丹田，无不可对人言之事。

（8）保身：节劳，节欲，节饮食。

（9）日知其所无：每日读书，记录心得语。

（10）月无忘其所能：每月作诗文数首，以验积理的多寡，养气之盛否。

（11）作字：饭后写字半时。凡笔墨应酬，当作自己课程。凡事不待明日，取积愈难清。

（12）夜不出门：旷功疲神，切戒切戒。

年轻的曾国藩相信，所谓本性不能移完全是虚妄之语，他认为人的品行是可以改变的。而且，为了追寻心中那份远大的志向，他要努力改变自己，从而让自己的志向不再虚妄。曾国藩以自己的实际行动表示，一切需要脚踏实地。他曾记载了这样一件小事：在一个月中有三天未能早起，于是，便谴责自己，谴责自己是禽兽，是懒鬼。同时，他还把自己睡懒觉、不愿意起床的那一刻的想法记载下来。他说："我以为别人不知道，我睡懒觉就睡懒觉，可清醒之后便想：难道仆人不是人吗？难道仆人就见不到我睡懒觉吗？既然天知、地知、别人也知，那我为何还这么虚伪呢？"对自己立下的志向，他就是这样鞭策自己的。

曾国藩问自己："我以为别人不知道，我睡懒觉就睡懒觉，可清醒之后便想：难道仆人不是人吗？难道仆人就见不到我睡懒觉吗？既然天知、地知、别人也知，那我为何还这么虚伪呢？"这其实就是很好的自我总结。据说曾国藩有晚上写日记的习惯，其目的就是睡前问自己，总结自己这一天在言行上的不妥之处，好的继续发扬，不好的则记下来需要改之。这就是一个很好的习惯，每天睡前反省自己，以便可以更好地了解自己。

萨拉女士，曾担任某银行董事长，同时兼任几家大公司的董事，是美国财经界的重要人物。一个女人，怎么会赢得如此的成功呢？这源于萨拉女士这么多年自省的习惯。

从懂事那天起，萨拉女士总是随身携带一个小本子，将自己每天需要做的事情记录在上面。而且，萨拉女士还会定期反省，比如，每个周五的晚上，就是她的自省时间。在这段时间，她会完全推掉所有的社交活动，哪怕是家人聚会，她会一个人在家里进行认真反省。在自我反省的过程中，她总会把过去一周的工作进行梳理、反思。

周五晚上，萨拉女士吃过晚餐之后，会打开小本子看之前一周的记录，回忆工作的面谈、商讨以及会议过程。萨拉女士经常会反思：当时自己是哪里做得不到位?有哪些地方是做得好的，接下来需要继续坚持？从这些事情中可以得出什么样的经验？等等。虽然，这样的自省会让萨拉女士意识到自己的缺点，从而感到一些烦躁，但是，她依然每周坚持这样做，甚至回忆起自己做的一些事情也觉得很奇怪。

最后，随着年轻不断增长，那些犯错的事情就会越来越少。不过，萨拉仍然一直坚持每周的自我剖析，这样的习惯让她受益匪浅。

假如有人问萨拉是如何赢得成功的，那么她会说：“因为我一直保持自省的习惯。”萨拉女士从小所受的正规教育十分有限，她最开始是在一个乡下的小店做店员，后来发展成为美国钢铁公司信用部经理，从此事业蒸蒸日上，而这一切不过是源于她始终保持自省的习惯。

当达尔文刚刚完成其不朽的著作《物种起源》的时候，他已经预料到这个革命性的学说公开发表必然会给整个宗教界乃至学术界带来震撼，所以，他花了15年来寻找自己的不足之处，不断进行自我批判，不断地向自己的理论挑战，批判自己的结论。所以，与其等着别人来批评我们或者批评我们的工作，倒不如自己严格要求自己，做自己最严格的批评者。

当我们在施行工作计划的时候，最好是每日睡前总结，完成睡前“五问”。入睡前的总结工作，其实也是很有效率的复习手段之一，那么，在睡觉前我们应该问自己哪几个问题呢？

1.今天工作有所收获吗

躺在床上，开始回忆白天的工作，回想自己在工作中收获了什么，做了哪个方案，客户的反映如何，以后还有哪些需要改进的地方，等等，将这些工作梳理一遍，加深在大脑中的印象。

2.在工作时我投入激情了吗

有激情地工作，才能有兴趣地工作。当同事都在工作的时候，我是在跟别人聊天，还是在玩游戏？领导开会的时候，我有在认真思考吗？还是思想开小差了？等等。假如自己真的在认真工作，那明天将继续保持这种状态；假如自己上班不认真，那就要自己反省，下次争取改正这个坏习惯。

3. 我今天的得与失在哪里

善于总结才能有所进步。得与失，俱是今天的收获。得，就是从工作中学到了哪些知识，自己在思维上有什么明显的变化，让自己懂得了什么道理；失，就是因为工作不认真所造成的失误，等等，可以花时间和精力补回来。

4.明天我还有哪些任务

临睡前，再想想，明天自己还有哪些任务呢？除了按时上班之外，需要写个方案？做个PPT？阅读一篇课外文章？听一个小时的英语？

5.今天我过得快乐吗

我们要学会享受工作，才能体会到工作的乐趣。今天的工作快乐吗？快乐是因为什么造成的呢？是因为职业的魅力？不快乐是什么造成的？仅仅是因为工作枯燥吗？还是自己某方面的原因？

☞ 自控小贴士

事实上，富兰克林也保持着每晚一次的自省。他总结出了自己13处致命的错误，其中有三项是浪费时间、琐事太多、与人争执。年长睿智的富兰克林很清楚地意识到，假如不改正这些缺点，他就难以成大事。

压力管理，不可承受之重

压力管理，是每个人一生的修炼。压力，其实是源自个体在察觉“需求”与“满足需求”的能力不平衡感。心理压力是一个人感受到的要求与资源的不平衡感，而压力管理则是试图控制这种不平衡感所作出的努力。

你的心理压力从何而来

随着生活节奏越来越快，来自社会各方面的压力也愈来愈大，由此而引发的各种心理疾病也层出不穷。在最开始的时候，人们并没有意识到心理疾病带来的危害性，他们只重视身体上看得见的健康，而忽略了心理健康问题。实际上，比起身体上的健康，心理上的疾病对身体的伤害更严重。

一般来说，身体上的疾病是可以治愈的，而心理上的疾病却难以医治，一旦陷入了某种心理上的疾病，就会直接影响到患者的工作、生活和学习。所以，对于每一个生活在激烈竞争社会的人来说，学会呵护自己的心理健康，不让心理疾病侵扰自己，这对于保障未来的事业、生活都有极大的帮助。

许多人都有这样的问题，心理上的压力很大，却又得不到释放。这种压力主要来自生活和社会，而且，随着社会竞争越来越激烈，这样的压力会越来越大，几乎到了崩溃的边缘。

社会各阶层的人士都有着心理上的困扰，如果不及时调节，久而久之就会形成一种心理疾病。都市白领会在紧张的工作下患上焦虑不安、抑郁症、精神障碍等心理问题和疾病；对于遭受了情感挫折的离婚人士，他们也会或多或少地产生心理疾病；贫困家庭难以承受压力的超负荷，生活和工作的双重压力极有可能会导致心理疾病；商界精英面对事业受挫，其心理因失败的打击长期处于一种失衡状态，又不能自我调节，极有可能诱发精神障碍、抑郁症、自闭症等心理疾病。

1.心理压力带来的困扰

据调查，现代人中产生心理问题和疾病的人群急剧增加，患精神疾病的人数几乎超过了心血管病，跃居疾病患者的首位。事实上，在一些竞争比较激烈、担负重大责任的行业里，也会出现一些被心理疾病所困扰的人士。因此，心理健康不容我们任何一个人去忽视它，心理上的健康与身体上的健康一样重要。

2.你是否去做过心理体检

尽管心理压力大，但大多数人依然没能及时去做心理体检。由于现代人普遍工作节奏快、竞争激烈、心理压力大，抑郁、焦虑和强迫已成为人们主要的心理疾病。为此，专家呼吁，应加强对自身心理健康的关注和重视力度，建议人们每年做一次“心理体检”，把心理疾病危害程度降到最低。所以，面对心理疾病，要舍弃听之任之，要进行及时地疏导，进行心理上的调节，必要时可以向心理专家进行咨询，以此保持自己心理上的健康。

自控小贴士

近年来，因为承受不了生存的压力而选择自杀的人不在少数，究其原因就是心理疾病的困扰，更有不少人患上了抑郁症，正在逐渐失去生活的勇气。因此，在现实生活中，我们不要忽视心理上的健康，只有保持身心健康才能扬起生活的风帆，走向人生的成功之路。

控制压力源，消除不必要的压力

卡耐基说："良好的工作习惯可以令人有效率地工作，自然可以减轻一个人的疲惫感，当然也可以帮助人们消除内心的忧虑。"有这样一句俄罗斯谚语："巧干能捕雄狮，蛮干难捉蟋蟀。"这句话道出了一个普遍的真理，即做事需要讲究方法，巧干胜于蛮干。埋头做事是好事，但如果你使用了错误的方法，只会让事情越来越忙，自己也越来越感到压力山大。

生活中，没有一成不变的事情，处理不同的情况，需要我们因时因地制宜，做出不同的对策。所以，在做事情的时候，需要一种求实的态度和科学的精神，在任何情况下都要按科学规律办事，找准方法，这才是缓解压力的诀窍之一。爱因斯坦说："成功=艰苦的劳动+正确的方法+少谈空话。"

里昂多年以来一直担任西蒙出版公司的高层主管，目前是纽约州纽约市洛克菲勒中心袖珍图书公司的董事长。

在过去的15年里，里昂每天都需要把一半的时间用来开会和讨论问题，比如，这个问题应该这样，还是那样，或者这个问题是否需要理会……这时里昂都会表现得异常紧张，坐立不安，在房间里走来走去，与下属讨论，不停地争辩，一个会议可以开到晚上，散会时，里昂总是感觉到精疲力尽。

在这样的日子重复了很多年之后，里昂以为他这一辈子都会这样，不过，他也在想，或许会有更好的办法。在这之前，如果有人告诉里昂，减少四分之三的会议时间，可以消除四分之三的紧张感，那里昂会觉得这个人真是盲目的乐观主义者。不过，在经过了很长时间的摸索之后，里昂觉得，这真的可以，对此，里昂是怎么做的呢？

里昂的秘诀是：

第一，里昂马上停止了那套15年来会议中一直使用的程序，比如，在以前，里昂会跟那些同事先报告一遍问题的细节，最后再询问："我们该怎么办呢？"

第二，里昂订下了一条新的规矩，任何人想要问他问题，必须事前准备好一份书面报告，并准备好三个问题：

1.到底是出了什么问题

在过去我们这种会议一般都要开一两个小时，但是大家还弄不清楚真正的问题在哪里，大家经常是开会时才讨论问题，却不愿意提前写出来所讨论的问题究竟是什么。

2.是什么导致了问题的出现

回想了过去的会议，里昂惊奇地发现，虽然在这种会议上浪费的时间很多，但最后都没有找出是什么导致了这个问题的出现，也就是说，这个会议根本没有达到预期的效果。

3.怎么样来解决这些问题

出现了问题肯定需要解决，在过去的会议上，只要有一个人提出了一个解决方法，就有其他的人为此跟他争论，于是大家也就争论了起来，结果常常是说着说着就说到了别处，直到开完会，还在进行那个题外话。

当里昂提出这样几个问题之后，他说："过去那些跟我一起开会的人，经常会在会议上绕圈子，却从来没有想到过切实可行的解决方法，现在，我的下属很少会把他们的问题拿来找我了。因为他们发现在需要回答我上面这几个问题之后，他们已经在仔细思考问题了，当他们做了这些之后，就发现大部分问题都不需要再来找我商量了。"

以上就是里昂摆脱无形的工作压力的方法。在过去，每当里昂结束一个会议时，总感觉很累，而且更糟糕的是问题还没得到解决，既浪费了时间，又觉得根本没达到自己想要的效果。这样长期以往，最终的结果是里昂越来越害怕开会，甚至他听到"开会"这两个字都会打不起精神来。这其实就是一种无形的压力，它不断地使人否定自己，打击人的自信心，最终人们就会在压力的重压之下变得更糟糕。

那么，如何保持正确的做事方式？这里有一些秘诀，可以帮助我们找到正确的做事方式，从而使压力得以缓解：

1.尽早处理手头的事情

假如你的办公桌堆满了信件、报告、备忘录之类的东西，那慌乱的场景会令人产生混乱、紧张和焦虑的感觉。而且，如小山般的文件，会让人产生错觉：还有一大堆工作等着我去做，但是我已经没多少时间了。时间长了，这种情绪还会促使人患上高血压、心脏病和胃溃疡。

2.按事情的重要程度来排序

全美市务公司的创办人亨瑞·杜哈提说："不管我出多少钱的薪水，都不可能找到一个具有两种能力的人，这两种能力是，第一，能思想；第二，能按事情的重要次序来做事。"当然，永远按照事物的重要性做事并非那么容易，但是，假如制订好计划，先做计划上的第一件事，那绝对比你随便做什么事情要有效果得多。

3.遇到问题时，尽可能当场解决

已故的豪厄尔曾经是美国钢铁公司的董事，当时他最烦恼的事情就是开董事会。因为每次开董事会都要花费很长的时间，在会上总会有许多问题需要讨论，而最后却不容易形成决议。最后，董事会的每一位董事都不得不带着一大包文件回家细看，所以，遇到问题时，尽可能当场解决，决不拖延时间。

4.学会组织、分权和监督

许多人做任何事情都是亲力亲为，他们不懂得将责任分摊给其他人，结果自己累死累活，还烦恼一大堆。在这样的情况下，即便一件小事情也会让他们忙得够呛，他们总感觉时间不够用，总感觉焦虑和紧张。尽管分权对于自己而言不是那么容易，不过，这并不表示我们不需要分权，事实上分权是领导者们避免忧虑、紧张和疲惫的最佳方法。一个位于领导者位置上的人，假如不会组织、分权和监督，那他估计在五十多岁、六十出头时就会死于心脏病。

☞ **自控小贴士**

许多人每天都在瞎忙，他本以为自己已经够拼了，但为什么压力还是那么大呢？忙并不代表你努力，“做事”的方式最重要。正所谓“一分耕耘，一分收获”，努力是很重要的，但做事方法更重要，如果方法错误了，那拼搏也只会带来无尽的压力。

适当的压力是人生的调剂品

曾在一本书上看到过这样一段话：“人一生中都会面临两种选择，一是改变环境去适应自己，二是改变自己去适应环境。既然压力是已经存在的，根本无法彻底消除，那我们何不积极地改变自己，正确引导各种压力成为自己前进的动力呢？”在现代社会，几乎每一个人都有压力，其实，适当的压力对我们自身是十分有利的。

一个人的潜力究竟有多大，我想大多数人都不清楚，对此，科学家指出：人的能力有90%以上处于休眠状态，没有开发出来。是的，如果一个人没有动力，没有磨炼，没有正确的选择，那么，积聚在他身上的潜能就不能被激发出来，而压力会给他这样的动力。所以，适当的压力不仅能激发出一个人无限的潜能，还能够带给他许多快乐。

在日常生活中，来自各方面的压力使我们感到很累，好像生活被一个巨大、无形的网笼罩着，这令我们做任何一件事情都感到力不从心。于是，在强大的心理压力下，我们常常会幻想享受那种无忧无虑、不知忧愁是什么的生活。事实上，没有压力的生活是不可能快乐的，我们只会感到烦闷、无聊，这样的生活状态久了，我们会感觉自己在堕落，从而丧失了对生命的追求。

她是一位典型的家庭主妇，老公做汽车运输生意，生意十分红火，她的事业就是“相夫教子”。每天，除了煮饭就是洗衣服，除了逛街就是打扫清洁，甚至于，连两个孩子的学习都不用操心，因为请了家庭教师。生活得如此惬意，她也常常受到许多人的羡慕：“你真有福气啊！老公有本事，孩子聪明伶俐，你年纪轻轻就过上了富太太的生活，哎，真羡慕你，哪像我，还要焦虑这样，担心那样，像你没有压力真好。”刚开始，她也会推辞几句：“哪里，哪里。”时间长了，她也会疑惑：难道自己真的如他们想象般地快乐吗？以前孩子还小的时候，还可以陪在他们身边，现在老公长时间在外面谈生意，孩子也上学了，家里就剩下自己一个人，尽管没有金钱的压力，没有生存的压力，但是，总是感觉到很无聊，心里烦闷，几乎已经远离了久违的快乐，这是为什么呢？

在现代社会，大多数人都会羡慕没有经济压力的家庭主妇、似乎总觉得他们的生活总是那么悠闲、自在，远离了压力的困扰。事实上，他们的生活真有那么快乐吗？对此，心理学家对那些整日闲在家里的太太有一个建议：尽可能找一份自己喜欢的工作，不管收入有多少，至少能够体现自己的价值，给生活带来适当的压力。

一位留学英国的朋友回国后，向同学们讲述了自己在国外的生活："刚开始，我在国外的时候，由于自己英文很烂，害怕出糗，整天就把自己关在屋里，看书、上网、看电影，这样的生活状态整整维持了一个月，就让我崩溃了，我开始想：自己是否应该干点什么？"后来，她去了国家应用科学院求学，刚开始的时候，老师讲课自己一半都听不懂，而且，老师讲课也没有教材，只能靠自己做笔记，压力非常大。当时，她想，自己只要及格就行了，没有必要追求名列前茅。于是，每天，她都会拿着同学的笔记来抄，然后，就跟自己的男朋友一起出去约会。

临近考试的时候，她才开始"抱佛脚"，背诵笔记，每天只睡三个小时，第一次考试，她及格了。虽然，自己的分数并不是很高，但是，令自己高兴的是老师给全班同学发了一封邮件，在信里，老师这样说："这次考试，我以为出的题目比较难，但是，令我没有想到的是，班里的三个留学生考得还不错，希望你们继续努力。”老师的鼓励令她受到了鼓舞，她开始认真听课，成绩也越来越靠前了，到了第二年，她的成绩就已经排在了全班第一，这样的成绩不仅令同学感到惊叹，连她自己都觉得不可思议。最后，她这样说道：“在国外求学的经历堪称跌宕起伏，但是，我并不觉得有什么不好，这些所谓的挫折与困难，让我学会了承受，让我赢得了最后的胜利。我们的生活需要适当的压力，压力教会了我们什么是坚持，最重要的是，让我远离了那种无聊、烦闷的生活，而且重新拾起了久违的快乐。”

有时候，适当的压力并不算什么，当你坚持下去，你就会发现已经没有多少压力了，所有的压力都会在行动中找到发泄的途径。只要我们能够坚定地走下去，全力以赴，我们将赢得自信，我们知道自己能够做得更好，这样长久地消除各种压力，获得动力，从而走向成功的彼岸。当然，只有适度的压力才是最有效的，如果压力过大或根本没有压力，那么我们将不会快乐起来，也不能赢得最后的胜利。

1.什么是适当的压力

也许，有人会问，什么是适当的压力？适当的压力，就是指时间不长、刺激不大、能让人最终有成就感的压力。所以，随时让自己拥有适当的压力，舒缓过大的压力，从而远离无聊、烦躁的心境，重新追逐生活的快乐。

2.有时候无聊比压力更令人苦恼

一位公务员朋友这样说："每天九点我才去上班，十点左右就可以离开了，下午有时候根本不上班，可是，一天剩下了这么多时间，我也不知道怎么打发，心绪变得混乱不堪，时常感到无聊、烦躁，有时候，我甚至感觉自己在浪费生命。"其实，烦闷的根源来源于"无所事事"，这与大多数家庭主妇的生活差不多，虽然远离了社会的压力，但是，她们发现无聊似乎比压力更令人苦恼。

☞ **自控小贴士**

生活在现代化的社会，我们无论如何都避不开压力：学生时代，我们所承受的是各种考试的压力；工作时期，有着上司的要求，家人的期许，自己内心的苛求，等等，这些压力都是无法避免的。既然无法避免那些潜在的压力，何不把压力当作生活的调剂品呢？

建立支持系统，适时向朋友倾诉

从弗洛伊德时代开始，心理分析家就知道，假如一个病人可以开口说话，仅仅是将话说出来，那他心中的忧虑就可以消除。心理学家表示，当一个人说出自己的忧虑之后，就可以更清晰地看到自己身上存在的问题，就可以找到更好的解决方法。或许，这其中的奥秘是无法被探知的。不过，几乎每个人都知道，将心中的烦恼倾诉倾诉，或者发泄一下胸中的闷气，那马上就会让人感到浑身轻松。

英国思想家培根说："如果你把快乐告诉一个朋友，你将得到两个快乐。而如果你把忧愁向一个朋友倾吐，你将被分掉一半的忧愁。"分担，它是一件有趣的事情，可以让我们的快乐加倍，让我们的痛苦减半。当你发现自己被那些怒气缠绕，而且无力摆脱的时候，千万不要让它憋在心中，要学会宣泄情绪，学会向知己好友倾诉心中的烦恼，让自己摆脱闷气的缠绕。面对不良情绪，唯有主动释放，理智宣泄，否则，后果将不堪设想。

快到凌晨了，李太太家里的电话铃声突然响了起来，李太太拿起电话："喂，你是哪位？"电话里传来了一个妇女的声音："我恨透了我的丈夫。"李太太感到莫名其妙："我想，你打错电话了。"但是，对方似乎没有听见，依然继续说下去："我一天到晚照顾两个孩子，他还以为我在偷懒，有时候我想出去见见朋友，他都不肯，自己却天天晚上出去，跟我说有应酬，鬼才会相信呢！"李太太打断了对方的话："对不起，我不认识你。"那位妇女生气地说："你当然不会认识我了，这些话我怎么能对亲戚朋友讲，到时候肯定会搞得满城风雨，现在我说出来了，舒服多了，谢谢你。"随后，那位妇女就挂断了电话。

虽然，这位妇女的做法显得十分荒唐，但是，我们从中发现，一个被不良情绪所困扰的人，他其实很想把心中的忧愁和苦闷作一番倾诉，哪怕对方只是一个陌生人。在电影《2046》里，梁朝伟将自己内心的秘密对着一个树洞倾诉，不难发现，每个人都有一种倾诉的欲望。有时候，心中的烦闷可能是关于隐私之类的话题，那怎么办呢？事实上，我们应该明白，在任何时候，知己好友都是我们心灵的伴侣，在朋友面前，又有什么可丢脸的呢？当然，向朋友倾诉自己的烦恼，我们需要选择值得相信的朋友。

在生活中，当我们遭受工作或生活上的烦恼时，不妨寻找一个人聊聊、诉诉苦。当然，我们所找的聊天对象并不是随便从大街上拉的一个人，而要寻找自己信任的人，这样才可以放心地将自己心中全部的苦水和牢骚说给对方听。当我们遭遇烦恼之后，我们可以寻找一个信任的人，与他约好一个时间聊天。当然，这个信任的人可以是亲人，也可以是心理医生，也可以是律师，我们可以对他说："我希望你能给我出出主意，我现在遇到烦恼的事情了，我希望你能听我说说，然后给我出出主意。或许，你站在你的立场可以给我一些忠告，看到一些我自己不曾发现的问题。当然，即便你无法给我一些意见，只要你愿意听我诉苦，当我的情绪垃圾桶，我就非常感激了。"

当然，除了与朋友聊聊，还可以尝试以下的方法：

1.寻找适合自己的座右铭

你可以准备一本笔记本或是剪贴簿，然后寻找一些鼓舞人心的座右铭，包括诗句、名人的格言，等等。当你感到烦恼的时候，或者感到精神不振的时候，你可以看看这些座右铭，然后你会觉得情绪得到了一种提升。

2.对他人感兴趣

你可以在公共汽车上，为自己所看到的人虚构故事，假设这个人的背景和生活情况，假设对方的生活是怎么样的，慢慢地，遇到身边的人也可以主动凑过去聊天了。所以，在生活中，对那些生活在自己附近的人，需要保持一种友善的态度，以及一种健康的乐趣。

3.不要为别人的不足担心

在生活中千万不要为别人的缺点而操心，假如你希望对方是一位圣人，那估计他也不会认为你是完美的。假如家庭主妇觉得自己嫁错了人，也不妨尝试这种方法，或许，当你发现他的优点之后，你会庆幸自己嫁给了他。

4.上床睡觉之前，计划好明天的事情

在前一天临睡前计划好第二天需要做的事情，这样会治愈我们的忧虑情绪。因为当我们真的这样去做了之后，会发现自己依然可以完成许多事情，却感觉不到一丝的疲惫。甚至，想到自己竟然完成了这么多的事情，会感觉有些骄傲，当然，剩下的时间可以好好休息或者梳妆打扮一下了。

5.使自己放松

放松，是避免疲劳和紧张的唯一途径。对各位女士而言，想必再也没有什么比紧张和疲劳更容易使人苍老了，而且，这也会令女人变丑。如果你是一位家庭主妇，最重要的就是学会如何放松自己。当然，经常在家里做家务的主妇们有一个很大的优势，那就是随时可以躺下来。家庭主妇们完全可以躺在地板上，其实，地板比床更利于放松自己，而且硬邦邦的地板对脊椎骨有很大的益处。

☞ 自控小贴士

朋友对于我们来说，无时无刻不在身边，只要我们需要他们的时候，当自己遇到了不顺心的事情时，都可以拨打电话给朋友，向他们道出内心的烦闷，甚至，可以在朋友面前发怒、哭诉，尽情宣泄心中的不良情绪。

回避式应对，转移注意力

在闲暇时走进公园，在观赏美景的同时，放松一下身心，体味美好的生活。走近喷水池，看着高高喷射出的水花，我们不假思索地就会明白这是压力的作用。

就像喷水池我们经常见到一样，生活中的压力也处处存在。有压力才会有动力，有动力才会让生活有了质感。话虽如此，人们在面对来自各方的压力时，仍会常常迷失内心，看不清方向，只能在尘世的无奈中任岁月滑去，在心间眉宇间蒙上了一层霜。

即使你可以逃避，也只是一时，问题仍然会在一下刻侵扰你的内心。压力给人以苦恼，因此有太多的人一直在寻求解秘，让心在失衡的现代社会中找到属于自己的天堂与乐园。但是各种困扰仍旧层出不穷地出现在我们的人生里，它似乎变化着花样悄悄地来到我们的身旁，伴着岁月与我们一起成长。如果你能驾驭它，就能成为它的主人；如果你任由它肆意增长，它就会成为你人生的一大主题，让你的悲情生活一遍遍地上演，这或许就是生活的乐趣。

在一次煤窑施工中，发生了瓦斯爆炸，煤窑严重坍塌，唯一的出口被厚实的泥土严严地堵死，在矿井中作业的五位矿工深困其内。幸运的是，矿井里刚好有足够的食物和水源，这给被困矿工赢得了极大生机。他们找到各自的位置，安静地坐下，等待着窑外的人们来救援。

时间在死寂的黑暗中震颤着，一天、两天……一个星期过去了，他们支着耳朵，却始终没有听到渴望已久的声音。有人开始烦躁，有人发出凄厉的尖叫，大家已无法承受恶劣环境带来的巨大精神压力，个个都快要崩溃了。

突然，他们听到“啪”的一声，黑暗中有人吼叫起来，“谁，他妈的谁打我？”一个黑影朝四个伙伴咆哮着，四个伙伴都开始辩解。可黑影就是纠缠着他们不放，审犯人似的一个个详细审问，甚至问得有些不着边际。为了免受冤枉，四位工友还是认认真真地回答，直至个个哈欠连天，声称被打的黑影这才闭了嘴，没趣地倒在一旁呼呼大睡。过了许久，大家都睡醒了，又听到“啪”的一声脆响，这次挨打的是另一位工友，只见他捂着脸，怒不可遏地号叫起来，径直扑向第一位挨打的黑影。双方都不示弱，幸好其余三位工友眼疾手快，死死把双方抱住，两人才住手，为此，大家你一言我一语地理论起来。

类似的情况在每位矿工身上都发生过，其中一位脾气很好的矿工连续挨了三个耳光，最后忍无可忍，勃然大怒。就在他们正为耳光的事纠缠不清的时刻，头顶一丝微弱的亮光提醒他们，有人来救他们了。至此，他们在井底足足被困了23个日日夜夜。

你知道这几个工人最终为什么能活下来吗？在黑暗中相互猜忌，以至于互相大打出手，在这种“自相残杀”的状态下，他们竟然存活了23个日日夜夜，这都是因他们处于压力之下，利用压力，转移了自身对恐惧的注意力。

如果你把握不好自己的心境，或者你心乱如麻，暂时地忘却也是一种美丽的境界。能够控制压力，让压力给自己以积极的作用，你的人生才会大踏步地接近成熟。但生活中的很多人已经习惯了在可以选择前进时去选择无所作为，因为前方有太多的苦难要去面对。很多人在能够挑战自己、改变生活时选择了维持现状，因为现实的压力让他们觉得自己进退维谷。哲人说：“谁要是害怕走崎岖的山路，谁就只好永远留在山脚下。”谁要是不能在压力面前站直了，谁也就永远只能在原地踏步，苦闷地思考自己为什么不能拥有收获的喜悦。

晓得控制和利用压力的人，是生活中的强者，即使你做不到这点，能让自己学会释放压力，让生活变得轻松、恬静，你也是一个善待自己的人。压力与心态也是紧密相连的，把握好自己的心态，管理好自己的情绪，让压力减少到最低限度，适当地释放，会是一种很不错的方法。

1.玩自己喜欢的运动

每个人都有自己喜欢的运动，有的是篮球，有的是羽毛球，有的是跑步……当自己压力很大的时候，就可以抛下手头的事情，疯狂地玩一次自己喜欢的运动，让自己在运动中尽情地宣泄，让自己的压力涌出来，这样就会轻松很多。

2.跟朋友一起K歌

其实，唱歌也是一种很好的减压方式，但是需要注意的是，我们需要叫上那些玩得比较开的朋友，一群人在一起疯狂地唱和跳，这种感觉会很放松。当然，如果允许，可以喝一点点红酒，微醺的感觉更好。

3.去骑行吧

一辆单车，一个旅行包，就能够进行一场短暂而又放松的旅行了。现在微信、陌陌等社交软件比较发达，在我们身边也有很多骑行组织，你可以选择一个合适的群体，然后一起去骑行。归来之后，洗个热水澡，好好地睡一觉，相信整个人会轻松很多。

4.玩玩游戏

当觉得自己内心压力较大的时候，可以来几把游戏，在游戏的世界里尽情地玩耍、驰骋，整个人的心情就会感觉轻松很多，不过凡事记得点到为止，不能过度沉迷其中。

☞ 自控小贴士

现实人生中，当我们处于压力的困扰中时，找一个释放自己内心深层感触的港湾也是一种别致的情怀。暂时的忘却能让心得到抚慰和歇息。让心拥有一刻的洒脱，释放心中的苦闷，得到暂时的宽慰，然后正视自己，面对生活。

心理压力测试

现代社会，已经不再是一个节衣缩食的年代，而是一个适者生存的年代，努力成为当前人们的专有名词。当然，在这个过程中压力也在潜移默化地影响着人们的生活，不管是情感压力，还是金钱压力，人们都难以逃脱压力的折磨。

你是否总觉得有一种无形的力量压迫着自己，让自己夜不能寐，心情总无法平静？你是否能找到压力源呢？

测试：如果下面有四种口味的丸子，你最喜欢吃哪个口味的呢？

A.贡丸

B.爆浆濑尿牛丸

C.小鱼丸

D.珍珠丸子

测试结果：

A.选择贡丸，那说明你的压力来源于身边的小人。有时候办公室生活太枯燥无味，自然会滋生出一些流言，所以会影响到你原本的好心情。尽管是流言，但绝非空穴来风，未必没有原因，大部分人都会相信这样的思维。有时会莫名其妙地招惹小人，内心缺乏严重的安全感，你也不知道未来会发生什么事情。所以总是对现有的状态感到焦躁不安，情绪波动较大。

B.选择牛丸，说明你的压力来源于你本人。你这个人喜欢多愁善感，没什么事情就喜欢伤春悲秋，所以常常让自己陷入莫名的忧郁当中。你的压力就是因为你想太多了，很多事情都已经发生了，但是你还是希望有力挽狂澜的一天。所以你总是问自己是不是真的做错了，于是常常深陷其中，不能自拔。

C.选择小鱼丸，那说明你没什么压力。你懂得如何自得其乐，一个人只是一种状态，而孤独是一种心态，但是你心中富有，并不觉得应该用压力来诠释生活。你也不会浪费时间去忧郁难过，毕竟开心也是一天，不开心也是一天，为什么不开开心心地度过每一天呢？应该把每一天当作新的一天来过，这样的人生才会多姿多彩。

D.选择珍珠丸子，那说明你的压力来源于未来，你对未来缺乏安全感。也许你对目前的状态不满意，甚至有时候会恨自己不成钢。其实你是属于完美主义者，有时候希望可以做到黑白分明，不存在灰色地带，但是事实往往不尽如人意，通常其他人都不能好好配合你的做法，所以你总是觉得孤芳自赏，没有人明白自己。

当找到了压力源，你是否明白自己是压力大，还是压力适当呢？压力的累积对心理会产生很大的破坏，往往会成为心理疾病的导火索。下面可以测测你的压力水平，请在每道题后标注“不适用”“偶尔适用”“经常适用”或“最适用”。

（1）我发现自己为很细微的事而烦恼。

（2）我似乎神经过敏。

（3）若受到阻碍，我会感到很不耐烦。

（4）我对事情往往会作出过度反应。

（5）我发现自己很容易心烦意乱。

（6）我发现自己很容易受刺激。

（7）我感到长期处于高度警觉的状态。

（8）我感到自己很易被触怒。

（9）我觉得自己消耗了很多精神。

（10）我觉得很难让自己安静下来。

（11）受刺激后，我感到很难平心静气。

（12）我神经紧张。

（13）我感到很难放松。

（14）我感到忐忑不安。

（15）我很难忍受工作时受到阻碍。

选“不适用”计1分，“偶尔适用”计2分，“经常适用”计3分，“最适用”计4分。

A.15分：你没有压力；

B.16—30分：你有轻度压力，须调试自己的情绪；

C.31—45分：你有中度压力，除自我调节外，还可以寻求心理咨询师的帮助；

D.46—60分：你已经处于重度压力之下，建议寻求心理咨询师或精神科医生的帮助，作心理咨询或者根据情况作治疗。

掌控时间，拓宽生命的宽度

时间管理是有效地运用时间，降低变动性的一种行为。一个人应该决定什么事该做，什么事不该做，事先有所规划，以此作为一种提醒与指引。工作是无限的，时间却是有限的，掌控时间即充分合理地利用每个可利用时间，压缩时间的流程，使时间价值最大化。

时间都去哪儿了

“时间都去哪儿了，还没好好感受年轻就老了……”2014年，一首《时间都去哪儿了》风靡全国，引发了全民对于“时间”的讨论。时间是什么？这是一个亘古不变却又令人迷惑的问题。圣奥古斯丁在《忏悔录》里写道：“时间是什么？如果没有人问我，我很清楚；可是当有人问我时，我便茫然了。”

生活中，越来越多的人不由自主地感叹：为什么随着年龄增长，我们会感觉时间过得越来越快？人在年少时期，往往会感觉日子过得缓慢，总是急切地希望自己快快长大，甚至会盯着墙壁上的钟表数着时间；但是，长大之后，又会感叹：“逝者如斯夫，不舍昼夜。”其实，人的一生都在与时间赛跑，少年时期总感觉有大把的时间任凭自己去挥霍，工作之后面对每天的计划、开会、应酬，总会有一种声音在脑海里闪现：时间都去哪儿了？

有一种忙碌是你觉得自己忙，早上六点到晚上12点，事情排得满满的，投入时间和精力去拼命工作，却并没有给自己创造出个人价值，甚至工作也没有出现巨大的突破，相反，每天会感觉很疲惫，时间不够用。

28岁的阿念越来越有一种“时间不够用”的感觉，她总听那些年老的人念叨：人啊，只要过了25岁，光阴似箭，很快就到中老年了。所以，阿念一直认为，可能就是因为随着年龄增长，时间才那么不经用。

不过，阿念一天是怎么过的呢？由于前一晚睡得太晚，她不得不赖床到七点四十五分才起床，然后穿衣、洗漱，匆匆出门奔向车站。到公司之后，打开电脑，她并不急着安排一下一天的工作，而是浏览新闻、看看喜欢的明星动态、逛逛淘宝网，尽管偶尔老板从身边经过，但她还是乐此不疲地偷闲着。等到十点左右，她才慢腾腾地开始工作，工作不到20分钟，又开始循环往复地看网页，这样来来回回，中午下班时她的工作几乎可以说是毫无进展。

下午阿念开始到了疲惫期，工作效率下降，下班前也只能草草收场。到家吃饭之后，她可以在沙发上躺到十一点，然后磨蹭着去洗漱，忙到一点钟才睡，这时阿念总会感叹：这一天好累！

第二天又是重复的一天。

从表面上看，阿念早上七点至夜里一点，确实很累。然而，我们仔细看她一天的作息时间表，却发现她并没有做什么事情，甚至连工作都没能好好完成。每天感觉到累，时间却不够用，这就是阿念深切的感受。真的是时间不够用吗？当然不是，原因在于她不擅长管理时间，一天天浑浑噩噩，时间不够用，自然觉得累。

1.做时间的主人

必须明确的是，我们是人并非机器，连轴转地工作会让身体累趴下。所以，在每天的时间安排中，并不需要把时间安排得满满的，需要留给自己时间思考和休息，从而培养出管理时间的良好思维。

2.快速进入状态

生活中，无论做什么事情，许多人总是习惯于等待“好情绪”，也就是花费很长的时间去进入状态，在他们看来，自己需要等待一个好状态才能将事情做到最大效率。然而，状态是在做事情的过程中出来的，而不是等出来的，所以，把握最佳时机，现在就去做。

3.别让不值得的事情浪费时间

学会给每件事情限制时间，别被无聊的人和无关重要的事缠住，别在不必要的地方逗留太久。比如，避开上下班高峰期，避免在高峰期乘车、购物、进餐，这样可以节省很多时间。

4.注重时间机会成本

生活中，有些人会因省两元钱而排队半小时，省一元钱而步行半个小时，这其实算起来是很不划算的。管理时间，就需要经营，每时每刻保持成本和价值的观念，注重时间的机会成本，让时间产生的价值最大化。

5.选择合适的休闲方式

适合自己且积极向上的休闲方式有利于身心的放松、精神的陶冶和人际的交流，这样有利于提高做事效率。而且，一些积极的休闲活动可以有效地解决问题。

6.善于利用零碎时间

人们总是容易忽视那些零碎的时间，尽管这些时间短，却可以充分利用起来做一些事情，比如，等车时思考一下工作；运动时可以想那些急需解决的困难事情。在非常疲劳之前休息片刻，这样避免了过度疲劳导致的超时休息，还能让自己始终保持好的竞技状态，从而提高做事效率。

7.对难以处理的事情不如暂时搁浅

有的人遇到比较有难度的事情时，就会固执坚持，结果花费了太多时间，最终也没能解决。这时可以把问题记下来，潜意识里让时间去解决，别钻牛角尖，不作无谓争论，否则不仅影响情绪和人际关系，还会浪费很多时间。

☞ 自控小贴士

良好的时间管理可以给我们一个规律的生活，将时间利用到最大化，在有限的时间里做完应该做的事情，然后保证充足的休息时间，这样便会使生活井井有条，自己也会每天精力充沛，生活有规律，工作有效率。

简化流程，提高效率

蚂蚁的世界一直是人类学学者与社会学学者所关注的，其组织体系和快速灵活的运转能力一直是人类学习的榜样。其实，蚂蚁有严格的组织分工和由此形成的组织框架，不过它们的组织框架在具体的工作情景中有很大的弹性，比如，它们在工作场合的自我组织能力特别强，不需要任何领导人的监督就可以形成一个很好的团队，然后有条不紊地完成工作任务。

蚂蚁做事非常讲究流程，而且它们对流程的认识是直接指向于工作效率的。举个例子，当一只蚂蚁发现食物之后，假如有两只蚂蚁，它们会分别走两条路线回到巢穴，边走边释放出一种它们自己才能识别的化学外激素做记号，先回到巢穴者会释放更重的气味，这样同伴就会走最近的路线去搬运食物。而且它们做事有分工，且是有弹性的，一只蚂蚁搬食物往回走时，遇到下一只蚂蚁，会把食物交给它，自己再回头；如果遇到上游的蚂蚁，就将食物接过来，再交给下一只蚂蚁。蚂蚁在哪个位置换手不一定，唯一固定的是起始点和目的地。

有一家大型零售连锁店就运用了这个模式来调整其物流仓储中心的工作流程。以前，该仓储中心用区域方式捡货，如果上一手没有完成，下一手只能等着。由于每个人的工作速度有差异，而且因为仓储中心的商品品种很多，即便同一个人对不同商品的工作捡货速率也存在差异，这种区域方式捡货容易造成老是有人在等待别人完成工作以便接手的情况。

一个人不断捡出商品，一直到下游有空儿来接手工作后才再回过头去接手上游的工作。为了提高这一工作链的整体效率，他们把速度最快的员工放在最末端，速度最慢的放在最上游，运用蚂蚁模式，使生产效率比以前提高了30%。

在团队工作的情景中保持较高的工作效率，最关键的是要解决工作链上的脱节和延迟问题，不同岗位之间的替补与支持正是解决这一问题的有效方式。从工效学角度来看，人类的工作过程都可能存在多余环节，提高工作效率的一个重要途径就是去发现和减掉那些多余环节。

现在，许多企业不断壮大，分公司、办事处、机构遍布全国各地，从董事长到总经理，再到业务项目模块，最后到一线员工，每个环节的管理基本上都有计划、执行、检查以及反馈。这些环节层层相连就形成了企业自己的流程审批链，但是，传统的流程审批链比较烦琐复杂。

比如，一个业务项目的发起者是总部领导，总部领导要求办事处经理在某月某日之前完成工作。办事处经理责成某部门经理，某部门经理又责成某业务团队成员。然后这个业务团队开始到各地跑业务，完成后以Word文档、PPT等形式向部门经理汇报，部门经理通过电话、短信、QQ、微信等方式进行批复、修正，最后向总部领导汇报。

总部领导发现问题，又得向下级指出，一直这样重复往返着……

从这里不难看出，决策层是大脑，执行层是手足，假如手足与大脑的沟通中出现中断，时间线就会被拉得很长，在时间就是金钱的现代社会，这种方式不仅会降低企业的工作效率，而且会影响企业的发展。

1.简化会议记录

每个公司都是大会、小会不断，好像公司就是为了会议而产生的。由此会议记录就成了不可或缺的。其实有很多的记录内容都是无用的，如领导再三强调的，这样的记录无疑会浪费阅读的时间，可以简化到记录人、时、事、地。

2.别总转接电话

假如你在工作中总是在等待转接电话，不管是对于自己还是转接的人，都是一种精力和时间的消耗，所以，尽可能知道对方的分机号码。

3.使用小黑板

虽然现在电子邮件，电子文档很普及，但是这些东西也往往容易被忽视。所以，一些信息你可以写在黑板上，比如“明天下午2点30分开会，请各位准时参加”。

☞ 自控小贴士

做事的流程必须遵循，必须是为了实现某个目的更简便、更低成本、更快捷的原则，假如因为流程反而使做事遇到阻碍，就有必要分析这个流程是否有存在的价值或者是否需要进一步调整了。

分清事情的轻重缓急

最近很流行一句话：为什么生活了几十年，还是一无所获？你是否同时在进行几个方案，不过似乎无法全部完成；你是否因为顾虑其他的事情，而无法集中精力来做眼前的事；假如工作被突然中断，你是否感到非常生气；你是否每天回家时感到疲惫不堪，但好像并没有做什么事情；你是否觉得总没有时间运动或休息，甚至只是随便玩玩都没有时间？如果针对这些问题，你的答案是肯定的，那么你已经出现时间管理不良的征兆。

生活中，我们还会遇到这样一些问题：当你正在写计划时，结果电话又响了，那些急事、请示的、投诉的、朋友聊天的等不得不接的电话，于是一上午过去了，还没有写几个字；领导最近安排了很多事情，一起堆着，这个方案本周之内完成，那个方案需要明天就出来，自己分身乏术。每天都感觉好忙，这件事也急，那件事也急，到底先做哪件事呢？

张老师正在上一堂别有趣味的课，他先是把一个玻璃罐子放在桌子上，然后再把一些鹅卵石放进玻璃罐子。等到张老师把所有的鹅卵石放进罐子之后，他问台下的学生：“你们仔细观察，这个罐子还能装东西吗?”学生们看了看装得满满的罐子，都摇头：“不能了。”

这时张老师笑着从桌子底下拿出一袋小石子，沿着玻璃罐倒下去，全部倒完了，罐子看上去又满了，张老师问学生：“你们觉得这个罐子还能装进去东西吗？”学生们有些不敢确认，一位学生小声回答：“我觉得还能装进去一些东西。”张老师没说话，又拿出一袋沙子倒进了玻璃罐，然后问：“现在呢，还能装东西吗？”这时学生们似乎相信了，齐声回答：“还能。”果然，张老师又拿出一瓶水，慢慢倒进了玻璃罐子。

一个普通的玻璃罐就这样装下了如此多的东西，但是，如果不是先把最大的鹅卵石放进罐子，或许以后永远没机会把其他东西再放进去了。生活中很多事情，其实都可以像往这个玻璃罐里放东西那样，先进行时间级别的分类，按照事情的轻重缓急进行组合，确定先后顺序，做到不遗不漏。

时间“四象限”法是美国的管理学家科维提出的一个时间管理的理论，把工作按照重要和紧急两个不同的程度进行了划分，基本上可以分为四个“象限”：既紧急又重要（如客户投诉、即将到期的任务、财务危机等）、重要但不紧急（如建立人际关系、人员培训、制订防范措施等）、紧急但不重要（如电话铃声、不速之客、部门会议等)、既不紧急也不重要（如上网、闲谈、邮件、写博客等）。

那么按处理顺序划分：先是既紧急又重要的，接着是重要但不紧急的，再到紧急但不重要的，最后才是既不紧急也不重要的。“四象限”法的关键在于第二和第三类的顺序问题，必须非常小心区分。另外，也要注意划分好第一和第三类事，都是紧急的，区别就在于前者能带来价值，实现某种重要目标，而后者不能。

1.重要又急迫的事

这一部分事情是需要马上去做的，比如，应付难缠的客户、准时完成工作、住院开刀等，大部分人工作中的主要压力来自于第一象限，实际上第一象限80%的事务来自于第二象限（重要但不紧急）没有被处理好的事情。即这个压力是自己给自己的，所以关键是尽量解决更多的来自第二象限的事情才会使压力得到缓解，许多重要的事情经过拖延或事前准备不足，就会变得异常窘迫。

2.重要但不紧急的事

这主要是与生活品质有关，包括长期的规划、问题的发掘与预防、参加培训、向上级提出问题处理的建议等事项。这些事情不能因为不紧急就不去解决它，应该第一时间将任务进行分解，然后逐一去解决，并制订时间表，在规定的时间内完成就不会让第二象限的事情挤压到第一象限中去。如果忽略这部分事情，就会使自己陷入更大的压力。因此，要多投入一些时间提高实践能力，缩小第一象限的范围。做好事前的规划与预防措施，很多急迫的事情就没法产生。建议我们把80%的精力投入到这个象限的工作，使第一象限的“急”事无限变少，不再瞎忙。

3.紧急但不重要的事

比如，电话、会议、突然来客都属于这一类。当自己感到疲惫的时候，可以通过一些不重要的但紧急的事情来调整状态和身体，不过不要在这个象限中投入过多的精力，否则就是浪费生命。当我们变得非常繁忙的时候，需要去第四象限里去休息一下，不过诸如阅读无聊小说、看毫无内容的电视节目、办公室聊天等，这样的休息是对身心的毁损，并非好的休息方式，或许刚开始有滋有味，但后来你会发现比较空虚。

4.不紧急也不重要的事

这部分的事情需要交给他人去做，是我们忙碌且盲目的源头，最好的办法是放权交给其他人去做，或者通过委婉的拒绝以减少此类事情的发生。表面上看似乎会产生“这件事很重要”的错觉，实际上就算重要也是对别人而言。如果花很多时间在这里打转，自以为在第一象限，实际上不过是在满足别人的期望与标准。

☞ **自控小贴士**

时间管理其实就是管理自己，改变自己，改变那些固有的坏习惯，改变坏习惯的本质就是靠合理的规划和自我的意志力，不再按照以前的生活继续下去。生活中的事情，大致可以分为轻重缓急，按照时间去作出合理分配。

二八定律，合理分配时间和精力

1897年，意大利经济学家帕累托从大量具体的事实中发现：社会上20%的人占有80%的社会财富，即：财富在人口中的分配是不平衡的。所以，二八定律成了许多不平衡关系的简称。一个人的时间和精力都是十分有限的，若想真正“做好每一件事情”几乎是不可能的，要学会合理分配时间和精力。

时间观念的改变，会使一个人的生活更丰富、更充实，在管理时间、利用时间的过程中，他的做事效率必定也会有一个很大的提升。时间对于每一个人来说，都是无法挽留的，它就像东逝之水，一去不复返。

全美市务公司的创办人亨瑞·杜哈提说：“不管我出多少钱的薪水，都不可能找到一个具有两种能力的人，这两种能力是，第一，能思想；第二，能按事情的重要次序来做事。”根据这么多年的经验，我意识到永远按照事物的重要性做事并非那么容易。但是，假如制订好计划，先做计划上的第一件事，那绝对比你随便做什么事情都要有效果得多。

查尔斯·卢克曼成功的秘密，在于他同时兼具亨瑞·杜哈提所说的几乎不可能同时具备的两种能力。从卢克曼开始工作起，他每天早上5点钟起床，因为在那个时间段他的头脑比其他时间都清楚。这样一来，卢克曼可以比较准确地计划一天的工作，按照事情的重要程度来安排做事的先后顺序。

就这样，卢克曼最终在12年里由一个初出茅庐的小伙子，一跃成为派索登公司的总裁，年薪10万美元，此外还有100万美元的其他收入进账。

萧伯纳也曾经拟定了计划，每天写作至少5页，即便是在最贫穷的那段日子，他依然坚持完成每天5页的工作量。就这样他写了9年，尽管9年里，他只赚到了30美元，大约每天赚了1美分，但是他最终成为了举世闻名的戏剧家，假如他不是按照事情的重要程度来安排做事的先后顺序，那他估计只会成为银行出纳而非戏剧家了。

富兰克林·白吉尔也是因为坚守这个良好的习惯，所以才赢得了成功。他堪称美国最成功的保险推销员之一，他不会像卢克曼一样早晨5点才计划自己当天的工作，他往往会提前一天就计划好，他甚至为自己定下了一个目标——每天卖掉多少保险的目标，假如这个目标没有完成，那差额就累积到第二天，就这样以此类推。

美国钢铁公司前董事豪厄尔，曾经工作时最令他头疼的事情就是开会，好像每一次开会都需要商讨大半天，有时候甚至是一天。尽管每次开会都会商讨一些事情，但是开了一天会下来依然没能达成决议。最后，大家都很疲惫，却不得不将会议上的资料带回家继续研究。

豪厄尔觉得这种无效的会议是不妥当的，既浪费时间，又浪费精力。后来，他想到了一个绝妙的主意，那就是每次开会只讨论一件事，之后得出结论，不拖沓，不浪费时间。当然，开一次会议需要准备很多资料，但是在开始讨论下一个问题之前，一定要达成一个决议。公司董事会听从了这个方法，并按照这个方式开会，结果大大提升了开会的效率，带来的改变也是非常有效的。

在后来的会议上，曾经的那些悬而未决的问题全部有了结果，再也没有未完成的工作。开会结束后，董事们可以轻轻松松回家，再也不会带资料回家了，心情轻松了，工作效率也有了提升。

确实，这真是一个绝妙的方法，不但适用于美国钢铁公司的董事会，也同样适用于生活中为工作烦恼的我们。

1.把工作分类

工作大致可以分两类：一种是不需要思考，直接按照熟悉的流程做下去；一种是必须集中精力，一气呵成，对于这两类工作，所采用的方式也是不同的。对于前者，你可以按照计划在任何情况下有序地进行；而对于后者，必须谨慎地安排时间，在时间集中且不被干扰的情况下进行。

2.定时完成日常工作

每天都需要做一些日常工作，比如豪厄尔打扫卫生，保持一个良好的工作环境；查看电子邮件，与同事或上司交流；浏览网页等。那么，每天预定好时间集中处理这些事情，通常安排在上午或下午开始工作的时候，而在其他时候就不要做这些事情了。

3.及时寻求帮助

对于熟悉的工作和操作，需要加快速度，保质保量完成。对于自己工作中不太熟悉的技能和工作，及时向同事或上级寻求帮助，以加快工作进程。

☞ 自控小贴士

当一天结束时，时间不会留在明天待用，一个有所作为的人，必须学会有效地安排时间，有效地利用时间，更为重要的是优化自己的时间观念，提升自己的办事效率。

你每天有多少时间被打扰了

你每天有多少时间被打扰了？日本专业的统计数据指出："人们通常每8分钟会受到一次打扰，每小时大约7次，或者说每天50~60次。平均每次打扰大约是5分钟，总共每天大约有4小时被打扰，也就是约50%的工作时间（按每日工作8小时计），其中80%（约3小时）的打扰是没有意义或者有极少价值的。同时人被打扰后重拾起原来的思路平均需要3分钟，总共每天大约就是2.5小时。根据以上的统计数据，可以发现，每天因打扰而产生的时间损失约为5.5小时，按8小时工作制算，这占了工作时间的68.7%。"

时间都去哪儿了？可以说："打扰是第一时间大盗。"如果想要做一个时间管理者，每天至少需要有半小时至一小时的"不被干扰"时间。如果你可以有一个小时完全不受任何人干扰，把自己关在自己的空间里面思考或者工作，这一个小时就能够抵过你一天单位时间的工作量，甚至有时这一小时比3天工作的效率更好。

25岁的王小姐当文员已经6年了，进这家公司也有3年了，半年前来到现在所在的销售部。这个部门一共有20多名工作人员，男女人数相当，销售员全是男性，行政人员是清一色的女性。

王小姐平时上白班，每天工作8小时，一周工作5天。由于有早晚班之分，她通常都是中午12点或傍晚6点两个时间点下班。王小姐的爱好比较广泛，唱歌、看电影、插花，而下班后，她习惯回家吃饭、看书、上网、陪家人，也偶尔跟同事吃饭、唱歌。

与王小姐同公司的同事则喜欢下班后聚在一起打麻将，一般都有固定的几个牌友。"三个月前的一天，她们三缺一，我看实在找不到人，就跟她们打了一次。"王小姐说，她其实比较讨厌打牌，也不怎么会打，"没想到有了第一次，她们每次打牌都要喊我。"

渐渐地，一遇到同事下班约她打牌，王小姐心里就五味杂陈，本来就不太会拒绝人的她也曾说过"不想去"，但在同事的软磨硬泡下，每次到最后都要被迫陪打。同事们"游说"的那些话，王小姐随口就能背出几句，"哎呀，就是几个同事要一会儿，不会有好大个输赢，就当是混时间。”“去嘛，你看我们三缺一，心里好受啊？”

于是，三个月下来，王小姐每个月要被迫陪同事打三四次麻将。本来就不太会打牌的她“很受伤”——基本上每次打牌都会输掉100元以上。9月份还没完，就已经打了3次，输了600多了！前天，同事又与她约好了下一场牌局，对此，王小姐表示很无奈。

对王小姐而言，下班被迫打麻将给她带来的困扰远不止输钱那么简单。王小姐说：“本来这个月，我要参加一个公司举办的征文比赛，就是因为她们老是约我打牌，最后我错过了交稿时间。”平时下班后就去打麻将，回到家都深夜12点多了，洗漱完就凌晨1点多了，想到第二天还要去上班，根本就找不到写文章的状态。

尽管是被迫打牌，王小姐也怕自己上瘾，因此心理压力一直比较大，她说：“每次打牌的那段时间，每天晚上睡觉都梦见自己打牌，弄得自己的精神状态很差。”

案例中的王小姐，因为被迫打牌，自己的休息时间被打扰了，严重影响了生活和工作。对她而言，首先要学会自我调适、自我放松，通过各种方法宣泄自己压抑的精神情绪；其次要制订与自己能力成比例、一致的目标，明确生活与工作的界限；再次要妥善处理人际关系，正确认识周围朋友，分清工作上的朋友、生活中的朋友；最后要尊重自己的兴趣爱好，学会抗干扰能力，安排不被干扰的时间。

生活中总有这样的情况：有一件事一直想去做，不过过了很久才想起来，到现在还没做。每天各种事情已经占据了人们的时间。那么，这时候请尝试一下不被打扰的时间吧。每天给自己固定设置一个时间段，在这个时间段里，只去处理你最想去做的那件事情，请关掉手机、QQ、微博。

1.找到躲避的地方

许多办公室是靠一些隔断划分出每个人的工作区域的，这样的设置方法可以保持员工之间的距离，又不影响沟通，然而，人们还是需要安排不被打扰的时间。在某项工作遭遇挫折时，不妨找一个僻静的地方，往往会有意想不到的收获，比如，楼道、楼顶、空的办公室等，独自思考，很少有人会打扰到自己。

2.断掉通讯

当你的注意力完全集中在当前的工作时，只有很少的几件事可以干扰自己，那就是手机来电、日程提醒、有人找你。假如你打算在工作时给自己一个安静的时间段去认真地规划手头工作，那不妨把手机调成静音，在特定的时间统一回电；关闭客户端，每天固定几个小时去接收或回复；挑选一个有人打扰几率最低的时间段去思考规划。

3.偶尔听一听轻音乐

可以尝试听听轻音乐，当你在写程序、编辑视频、制作动画或者其他工作的时候，可以戴上耳塞，放一段轻音乐，将自己和其他人隔离开来。

自控小贴士

其实，投入工作和被打扰是此消彼长的，假如你足够投入工作的话，周围的环境是很难打扰你的，这时你只需要将手机关掉就可进入不被打扰的境界。假如你本身对工作表示厌烦，心情非常焦躁，那就算一根针掉在地上，也会干扰你的注意力。

有效利用番茄工作法

番茄工作法是简单易行的时间管理方法，番茄工作法是弗朗西斯科·西里洛于1992年创立的一种相对于GTD更微观的时间管理方法。番茄钟，指的是把任务分解成半小时左右，集中精力工作25分钟后休息5分钟，如此视作种一个“番茄”。即使工作没有完成，也需要定时休息，然后再进入下一个番茄时间，收获4个番茄后，可以休息15至30分钟。在番茄工作法一个个短短的25分钟内，收获的不仅是效率，还会有意想不到的成就感。

对于上班族来说，提早几分钟到办公室，把一天的工作任务划分为若干个“番茄钟”，规定好每个“番茄钟”内需要完成的小目标，然后尽可能心无旁骛地工作，这种“番茄工作法”的流程，也被称为拖延症自救攻略之一。假如想培养自己强烈的时间管理意愿和意识，养成坚定的自我管理行为，就要克服懒惰，利用番茄钟的理论来提升自己充分利用时间的能力。

小白是职场丽人，平时养成了拖沓的工作习惯，她觉得自己有必要改变自己，于是打算利用番茄钟来督促自己管理时间。

周一早上8：30，小白启动了第一个番茄钟，她打算用这个番茄钟来回顾前一天的所有工作，看一遍活动清单，并填写今日日程。在同一个番茄钟内，小白检查方案是否一切就绪，作一些整理，番茄钟响了，她休息5分钟。

第二个实务番茄钟开始，开始进入工作状态，就这样进行了三个番茄钟后，进行一段较长时间的休息。虽然愿意继续工作，但小白还是决定休息时间稍长一些，以便面对紧张工作的一天。过了20分钟左右，启动一个新的番茄钟，继续四个番茄钟，此时已是12：53。正好余下几分钟可以整理一下办公桌，收集四处堆放的文件，检查了今日待办表格，然后去吃午饭。

下午2：00，小白回到办公室，启动番茄钟继续工作。在番茄钟之间，她的休息时间不长。但在四个番茄后，她觉得累了，但仍然还有几个番茄要做。她想要好好休息一下，去溜达溜达，尽可能离开工作。30分钟后，她开始了一个新的番茄钟。她预留在最后的番茄钟是用来回顾当天的工作，填写记录表格，尽可能地改进记录下一些意见，为明天的待办表格加一些说明，并且整理书案。番茄钟响铃，短暂休息。小白看看表，5：27了。她整理好位置凌乱的文件，排好活动表格的顺序。5：30，空闲时间开始。

小白曾是一个深度“拖延症”患者，通过种“番茄”，坚持每天上班时间至少收获10个番茄，以此来敦促自己完成日常工作。同时，自我诊断拖延程度有所减轻、工作效率大大提高。番茄工作法的设定，主要是针对对庞大任务的恐惧和抗拒导致拖延的人，把注意力集中在当下，可以帮助人更好地集中精力、摆脱曾经挫折的阴影和“万一任务完不成”的焦虑。

番茄时间的原则在于，一个番茄时间（25分钟）是不能分割的，不存在半个或一个半番茄时间。一个番茄时间里若做与任务无关的事情，则该番茄时间作废。当然，避免在非工作时间内使用番茄时间，如5个番茄时间用来钓鱼。在开启番茄钟之前，需要有一份适合自己的作息时间表，在进行过程中别拿自己的番茄数据与他人的番茄数据比较，而且番茄的数量不可能决定任务最终的成败。有效地利用番茄时间，可以减轻我们对于时间的焦虑，同时可以提升我们的集中力和注意力，减少工作的中断。

1.做好记录

在开启番茄时间之前，做好准备工作，明确各个番茄时间内对应的任务，最好将任务简单写到纸质便签或日记本中，便于实施番茄钟，强化反馈。

2.保持task时间

每4个番茄时段内的task尽量保持一致，别有太大的差别，尽可能减少task间的切换成本，毕竟切换某个task的工作状态也是需要时间的。

3.预留时间

启动番茄钟之后，打扰是不可避免的，电话或邮件都有可能打断自己的工作。假如必要，可在番茄时间段里预留一些处理打断的时间，比如25+5，预留5分钟。当然，应尽可能避免这种打扰，在允许范围内适当将接收邮件的时间延后，不启动即时通信工具。

☞ 自控小贴士

根据自己的实际情况，合理设置一个工作日内的番茄时间段，尽可能将重要的工作放在精力充沛的时段。比如，上午8：30~11：00，下午15：00~17：00等。当然，不一定所有工作都需要纳入番茄时间段里，要找到适合自己的工作节奏。

灵活思考，成功的彼岸不止一种到达方式

许多人在儿时就开始憧憬自己未来的人生，设想着每一个无比灿烂、光彩夺目的剪影。我们敬佩那些坚持最初的理想并有所成就的人，但事实上，诸多的大成功者和传人，他们的人生都是在多次遭挫，多次选择，多次改变路线后，在某个恰当的拐角，才展现成功的身影的。

你只管安心等待迟来的好运

如果你没有得到所谓的幸运，不要埋怨生活的不幸，请记住，上帝的延迟，并不等于上帝的拒绝，相反，他是在等待你更加成熟。

在成功的路上慨叹命运不济，抱怨上帝不公，是很多人看到别人在努力后大有所成，自己却一再跌倒后的一种心态。且不说它的利弊，事实真是你不走运吗？

有两个从小一起长大的亲兄弟，他们决定一起去挖金矿，开始时，他们都抱有坚定的信念——不挖出金子决不放弃。从黎明到黄昏，又从黄昏到黎明，多少个日日夜夜后，他们依然没有见到金子的光亮。手磨出了血，脚磨出了泡，抱怨和苦闷时常充斥在他们的对话中。所不同的是，哥哥在抱怨几句，舒缓了情绪后，能够让自己更冷静地思考，随后继续挖着梦想中的金子。而弟弟的士气则越来越低落，脚下的坑显得很难再往深挖掘一尺。

这天，一个商队经过，说是山那头有人挖出了石油。这时弟弟再也按捺不住了，说这里哪有什么金子啊，不干了，到山那头采石油去！而哥哥却什么也没说，继续埋头干他的活儿。

几天之后，可怜的弟弟灰头土脸地回来了，他并没有发现石油，他的放弃使他又一次两手空空。当他到达驻地时，已经是深夜两点，在帐篷微弱的灯光下，似乎有一种异样的、刺眼的光芒在闪烁。他走进里面，哥哥正捧着金子甜甜地酣睡。

很多人都明白，生活就是一场淘金赛，有时需要一点运气，但更多的还是要靠自己的选择。执着坚持、努力思考、勤奋进取，这些被诠释了无数遍的成功因素在最为朴实的生活追求中，仍没有几个人能够完全具备。

关于成功与失败的类似的故事似乎并不少见，每次读完，我们也总能清晰地悟出其中的道理，可到了自己成为故事的主角时，又是那么地沉不住气，那么地心急成功的到来。但最终每每都落个失败、失望的下场，像故事中的弟弟一样慨叹和抱怨。为什么我们如此渴望而偏偏不曾拥有？用中国的古话来说是时机未到，也许西方的这句谚语可以给予更多的警示：上帝的延迟，并不等于上帝的拒绝。

面对同样的一件事情，不能坚守，不会选择，不懂思考，便不会有所成就。很多人在本该放手一搏的时候，却犹豫彷徨。不愿意再试一下，不想再付出看似多余的努力，而去贸然地选择一条看似明智的路，最终的结果只是在一再地变换自己的目的地，就连上帝也被他们弄得晕头转向，不知道该把金子放在哪里。

在一个古老的小镇上，一位老爷爷开了一个家具店。爷爷曾经是木匠，因此，店里的家具基本上都是他自己打的。当时，镇上有几家家具店，但没有一家生意比爷爷做得好。其实，每个家具店的品种和款式都差不多。孙子禁不住问爷爷：“为什么集镇的人都买我们店的家具，都说我们店的家具好呢？”爷爷神秘地笑了笑，说：“明天就带你找答案。”

第二天一大早，天刚蒙蒙亮，爷爷就把孙子从床上叫起来。他早就套好了牛车，带好了钢锯。孙子知道，爷爷要带他去山里伐木材。走了十多公里的路，他们终于来到大山脚下。要说是山，其实并不高。

爷爷把牛车拴在了山脚下，拉着孙子的手一直往山顶攀。孙子好奇地问爷爷：“山脚下那么多树可伐，为什么要费这么大力气爬到山顶上去?”爷爷笑了笑，用手指了指旁边几棵树说：“你抱抱，看它们究竟有多粗。”那年孙子才七八岁，根本不明白爷爷的用意，但还是伸出双手，一连抱了好几棵。他发现，这几棵树中，即使是最粗的一棵，他双手环抱都有富余。攀上山顶，爷爷又指了指旁边几棵树让孙子抱，这里的每棵树孙子用双手都抱不过来。这时他才明白，山顶的树比山脚的树要粗壮。

“山顶的树不仅粗壮，而且密实，用它们来打家具，非常牢固。”爷爷一边锯树，一边解释道。

“同样一种树，为什么山顶的粗壮，山脚下的细小呢？”

孙子打破砂锅问到底，爷爷停下手中的活，揩了揩额角上的汗珠，指了指山北方向，问：“你看，山北边有什么？”孙子顺着爷爷手指的方向看了看，眼前一片空旷，极目远眺，好像是天的尽头，于是摇头回答说：“什么都没有啊！”爷爷很肯定地接过话茬：“有，而且很大，那是从遥远的北方刮来的风和西伯利亚的寒潮。”爷爷一手叉腰，一手远指，犹如一位哲学家。

“这和风与寒潮有什么关系呢？”孙子大惑不解。

“当然有关系，长年经历风吹雨打的树木，生命力极强，根系特别发达，那么它从泥土中吸取的养分就充足，因此，长得也特别粗壮。”说着，爷爷转过身指了指山南的山脚，继续说道，“你再看看那些树，背后有大山抵御风和寒潮，很少受自然界侵袭，从树枝到根系都得不到锻炼，长得也就瘦小脆弱。若用它们来打家具，不仅易折易裂，而且易受病虫腐蚀。”

听完爷爷的讲解，孙子恍然大悟。于是，他在山顶英雄般地立下豪言壮语：“我长大了一定要做山顶上的大树。”爷爷听后，摸摸他的头，爽朗地笑了。

每一个懂得善待自己的人，在追求幸福生活的同时，都不会主动逃避成长道路上的艰辛。善待自己，并不是给人生以诸多的安逸，而应及时提升人生的张力。就如那些数一数二的木材总是生长在高山之上一样，推动自己不断高攀的人，他们把自己摆在不断经受历练的轨迹上，他们渴望幸福，但更渴望在快速成熟的路上饱览更多精彩的风景。

自控小贴士

朋友，请记住那句经典的歌词：“不经历风雨，怎么见彩虹，没有人能够随随便便成功……”也许此时的你正处于人生的低谷，然而，这也正是你聚集力量的时刻。增强自己的韧性，善待自己的处境，你会发现，你将一步步推动自己走向人生的高峰。

先找对方向，再持续前行

方向走对了，哪怕走得慢也能一步一步靠近成功；可倘若走错了方向，不仅白忙一场，更可能离成功越来越远。

人的一生有很多意外会发生，你无法控制它们，就像你不能掌控自己的生老病死一样。于是有人说活着就要及时享乐，就要对得起自己，而有些人认为活着就要不断追求，不断收获，不断给自己树立目标，在每一次实现目标时，尽情享受其中的快乐。

通常我们把前者的态度说成消极，把后者赞为积极面对生活的人。拥有目标，从而奋力拼搏，这是成功最简单的模式之一。但你是否明白，在你的生命中，在你前行的路上，不是每一条河都能顺利渡过的，遇到过不了的河掉头而回，也是一种智慧。但很多人在这种情况下，只盯着眼前奔腾的河水发愁，而看不到河边的苹果树。真正的智者会放飞思想的风筝，摘下河边的“苹果”。

很多商界人士都喜欢高尔夫这项非常有趣的运动，每次击球之前，选手都需要观察和思考，需要靠手、臂、腰、腿、脚、眼睛等各部位的有效配合进行击球。而击球的关键则在于两个“D”，即方向（Direction）和距离（Distance）。

在很小的时候，我们就懂得辨别方向和测绘距离，当两者混在一起，并具有非常复杂的关系时，很多人处理起来已觉得很困难。如果再衍生到人生行动的距离与方向上，能够主动思考这点的人，恐怕少之又少。就像高尔夫球这项运动的初学者一样，他们中有不少人只想着把球打远，而忽视方向的重要性，其实，把球打直要比打远更重要！所以，擅长打高尔夫的人都会谨记这样一条原则：“方向比距离重要。”这条高尔夫球运动的重要法则同样适用于我们对生活和事业的处理方式。方向走对了，哪怕走得慢也能一步一步靠近成功；可倘若走错了方向，不仅白忙一场，更可能离成功越来越远。

法国著名科学家法伯发现了一种很有趣的虫子，这种虫子有一种“跟随者”的习性，它们外出觅食或者玩耍，都会跟随在另一只同类的后面，从来不敢换一种思维方式，另寻出路。发现这种虫子后，法伯做了一个实验，他花费了很长时间捉了许多这种虫子，然后把它们一只只首尾相连地放在了一个花盆周围，在离花盆不远处放置了一些这种虫子很爱吃的食物。一个小时之后，法伯前去观察，发现虫子一只只不知疲倦地在围绕着花盆转圈。一天之后，法伯再去观察，发现虫子们仍然在一只紧接一只地围绕着花盆疲于奔命。七天之后，法伯去看，发现所有的虫子已经一只只首尾相连地累死在了花盆周围。

后来，法伯在他的实验笔记中写道：这些虫子死不足惜，但如果它们中的一只能够越出雷池半步，换一种思维方式，就能找到自己喜欢吃的食物，命运也会迥然不同，最起码不会饿死在离食物不远的地方。

这种只会跟随的虫子，不具备把握自己、选择方向的能力，它们用生命换回来的努力，最终也都是在可悲地做着无用功。

只知道跟在别人身后漫无目的地奔跑，结果可想而知果。现实生活中，是否也有很多这样的人呢？拥有自己的方向，并懂得正确努力的人，才如一个高尔夫球高手一般，才会在生活这唯一一次的竞赛中取得优异的成绩。

有一位印度学者对阿利·哈费特说："如果你能得到拇指大小的钻石，就能买下附近所有的土地；如果你能找到钻石矿，那么就能够让你的儿子坐上王位了。"

从此，钻石的价值就深深烙进哈费特的心坎。

那天晚上，哈费特彻夜未眠，第二天一早便跑去找学者，问他到哪里才能找到钻石。学者发现他如此迷失，便更改了建言，希望打消哈费特的念头。但是，已经沉入妄想中的哈费特完全听不进去，死缠着学者，最后学者随口说："您要去很高的山里，寻找流着白沙的河，只要找得到白沙河，就一定找得到钻石。"于是，哈费特变卖了所有的家产，开始他的寻钻之路。但是，他找了许久，始终找不到宝藏，最后在西班牙的海边，投海死了。

几年后，有人买下哈费特的房子。当准备让骆驼饮水时，发现沙中竟然闪着奇特的光芒。他立即拿了工具去挖，不久便挖到一块闪闪发光的石头。他不知道这是什么，只觉得这块石头很漂亮，便将它放在炉架上。

有一天，那位学者来拜访这户人家，一进门，就发现炉架上那块闪闪发光的石头。学者惊奇道："这是钻石啊！是哈费特回来了？"新屋主说道："没有啊！哈费特并没有回来，这块石头是我在后院的小河旁边发现的。"学者怀疑地说："不！你在骗我。"于是，新屋主向学者说出他找到钻石的地方，两人便立刻来到小河边，开始挖掘。几分钟后，便找到一块更为亮丽的钻石，接着又陆续挖掘出许多的钻石。

后来献给维多利亚女王的那块钻石，也是出自这个地方，而且净重100克拉。

钻石就在自己家后院的小河边，哈费特却南辕北辙地到外面四处寻找，他的一切努力，都因方向的错误，而失去了任何意义。

人生有很多条道路，路到尽头，我们就应该及时转弯。我们总是敬佩那些执着努力的人，他们的精神被宣扬成主旋律，感染着许多青年人热血沸腾地去努力拼搏。但你在其中是否能保持一个辨别方向的清醒的头脑呢？有人作过统计，在一般人所作的努力中，无效努力的成分占到80%以上；而造成你的成功的有效努力的成分仅占20%左右。这依然符合80/20法则的规律。

自控小贴士

因此，我们可以说，调动自己的积极性，执着地努力，这些都是年轻人的不二选择。在这中间，你还应该注意：选择正确的方向，始终正确地努力，不要只顾盲目地奔跑，而失去了思考的能力。

成功就是比失败多一次的尝试

一次又一次的“失败”让你在蜕变中拥有破茧而出的美丽，成功就是跌倒后一次次地站起，只要站起来的次数比跌倒的次数多，你就是最终的胜利者。

每天睁开眼，很多人都已经欠下了一笔实实在在的账单。从家里到公司来回开车的油费、过路费、停车费、车辆保养费、饭费，再加上抽烟等一些小项目的花费，不排除偶尔同事聚餐和请客吃饭，一天下来，与自己的日薪相比，已经透支了很多。

这就是目前一部分人的生存现状。是他们懂得享受生活，还是生活给予他们很多无奈的选择呢？不管你是新员工还是老领导，金钱给每个人带来不同的压力。在高喊追求理想的口号下，与金钱齐头并进，让金钱成为工作和生活的保障，这是很多人无奈和现实的选择。

因此，“我要成功、我要赚钱”这类话在很多有志向的年轻人的心中不断呼喊着，他们渴望成功女神的垂青，渴望机遇女神的怜悯，但又都害怕会遭遇困难和挫折的煎熬。不同的生存压力让他们在面对困难、机遇、挑战时，拥有不同的选择。很多人已经习惯了高喊口号，调侃自己的理想，让嘴皮子过过瘾，到最后还是洗洗睡了。

再往前跨出一步，真的有那么难吗？是你过往摔得太惨，还是由于畏惧，最终把困难的影子拉得太长了，覆盖住了你激动和渴望的心？

一个阳光灿烂的午后，约翰和几个好朋友一起去郊外爬山。

山清水秀，鸟语花香。约翰等人玩得非常尽兴，不知不觉就忘记了时间，等到发现太阳已经落山的时候，这才慌了神。

“如果沿着来时的路返回去，至少需要三个多小时，那样的话就太晚了；咱们干脆走近路吧，一个小时就可以下山了，但途中要跨过一条河沟……”夜色昏暗中，有人提出了这样的建议，很快获得了一致的赞同。

很快，约翰一行人就来到了那条河沟前。河沟大约有几米深，溪水的流淌声在杳无人烟的山林中格外刺耳。“跳，还是不跳？稍有不慎，就有可能掉进河沟里去……”约翰等人犹豫着，徘徊着，迟迟拿不定主意。

天色更加暗了。终于，约翰狠了狠心，招呼着大家：“没办法了，咱还是跳吧。”说完，弯腰拾起一根木棍，小心翼翼地横放在河沟的两岸之间：“看吧，河沟也就这么宽，咱们用点力就可以跳过去了。”

看到大家还有些犹豫，约翰就向后退了退，然后紧跑几步，“噌”地跳了过去。“来吧，很容易就过来了……”在约翰的鼓励之下，几个人也学着他的样子，后退了退，再紧跑几步，借着惯性作用跳过了河沟。

重新走在山间的小路上，大家嘻嘻哈哈地说笑开了。只听约翰坚定地说着：“别看那河沟有些可怕，但还是被咱们征服了。所以说，有些困难并不可怕，可怕的只是我们在心中的想象，如果能大胆地鼓起勇气来，是没有什么困难不能被战胜的！”

没什么苦难是不能战胜的，心底里存有这样的呼唤，全身就会充满干劲。面对同一个必须作出的选择，有的人看不到成功的曙光，看到的只是畏惧和跌倒，于是就心灰意冷，感叹时运不济，感慨成功路遥。其实，成功远远比他们想象得要简单！就像约翰勇敢地作出决定一样，跨过去，成功就这么简单地来临了。

在生活中，你可以很平凡，只是芸芸众生中的一员，每天朝九晚五地奔波于公司与家的两点一线之间，疲于奔命；你可以相貌平平，不受美女的青睐，不在大庭广众之下轻易表现自己。但是你不可以自甘平庸。你需要牢记：平凡不等于平庸。你也一样可以优秀，可以卓越，可以创造属于自己的轰轰烈烈的人生。

害怕遇到困难，担心一次次跌伤，甚至失去现有的一切吗？看看倒霉的林肯吧！这样的话，你的心里会平衡很多。

21岁，做生意失败；22岁，角逐州议员落选；24岁，做生意再度失败；26岁，未婚妻去世；27岁，一度精神崩溃；34岁，角逐联邦议员落选；36岁，角逐联邦议员再度落选；45岁，角逐联邦参议员落选；47岁，提名副总统落选；49岁，角逐联邦参议员再度落选；52岁，当选美国第16任总统。

一个人就是这样在一次又一次“失败”的蜕变中破茧而出的！更何况，我们一般人都没有机会饱尝如此之多的“失败”的辛酸，就已经叩响了成功的大门。因为，我们的成功并不是要问鼎白宫当总统，我们只是为了加薪，为了升职，为了衣锦还乡的荣光……这些目标离我们更近，更容易一些，只要你肯努力，似乎唾手可得。

成功就是跌倒后一次次地站起，只要站起来的次数比跌倒的次数多，你就是最终的胜利者。有人把成功比作空气，如果你像需要空气、渴望空气一样渴望成功的话，它就会推动你快速成长。还有人说成功像极了自己的恋人。首先，你之所以追求她，是因为你发自内心地爱慕她、喜欢她。既然决定追她，那么你就要作好遇到挫折乃至遭受拒绝的准备，需要作好吃苦受罪的准备，需要“衣带渐宽终不悔，为伊消得人憔悴”的勇气。接下来，要想真正追到她，你还需要讲究战略和战术，多少次跌倒，就多少次站起来。

☞ 自控小贴士

相信自己，只要坚持下去，你肯定会与成功越来越近。

逆向思考，成功不止一条路

未来拥有无限的生机，在勇敢地迈出一步步的时候，要记住，即使偏离靶心也并不等于失败。

一谈到励志，理想总会被放在第一位。人有目标是好事，它可以使我们在行进之中不至于茫然失措、三心二意。理想的意义是无限的，但人不能光靠理想过日子，对年轻人来说，目标是远大，还是现实，是执着前进，还是另辟蹊径，在他们感到理想走入瓶颈的时候，这些问题总会困扰着他们，以致手足无措，任其发展。

不知道该如何选择时，跟没有权利进行选择拥有着同样可悲的意味。人生是一条漫长的旅途，有平坦的大道，也有崎岖的小路；有灿烂的鲜花，也有密布的荆棘。在这个旅途上，每个人都有自己或大或小的目标，如果你是一支已经射出的箭，那么你的目标就是你的靶心，在持久的飞行中，你是否怀疑过，最初的瞄准到位了吗？自己是否仍然还飞行在正确的轨迹上呢？

阿联从小热爱画画，大学毕业后，他出国留学继续深造。可是，由于生活的拮据，他不得不在读书之余，花费大量的时间打工赚取生活费。

后来，有人介绍了一份工作给他，就是帮宾馆修剪草坪。这个工作与画画可是大相径庭，不仅需要体力，剪草坪的剪子还会把手磨得粗糙不堪。

起初他很不情愿，因为他的梦想是当一名油画家而不是园丁。但现实是不能由自己的意愿决定的，他只好一次次地去到宾馆外面，对着草坪和灌木，不断地重复单调的工作。

在国外的三年时间里，他就这样一直靠帮各个宾馆修剪草坪谋生。渐渐地他发现，修剪草坪也并非总是那么枯燥。比如说，有一天，他不小心铲坏了一块草皮，想了想，他就把这块草坪修成了一幅画的样子，竟得到了人们的极力赞赏，他的薪酬也因此增加了一倍。慢慢地，他开始喜欢修草坪这个工作了。后来，因为请他修剪草坪的宾馆太多，他不得不雇用了另外一些人，再后来，他有了自己的小商店。三年以后，他成立了自己的公司，这是一家专门帮人设计修剪草坪画的公司。

阿联最初的执着追求让人敬佩，但如果当年他一味热爱美术，专心油画，而不去做其他工作，也许过不了多久就会坐吃山空，所学功课也会半途而废。可是，成功之箭偏了那么一点点，它没有射中美术这个靶心，而是射中了草坪公司的靶心。其实很多时候，成功之箭射中的都是另外的靶心。只是有些人及时发现了，而有些人仍然执迷不悟。

生活不会一帆风顺的道理人尽皆知，无论顺境还是逆境，都要从容面对；无论获得还是失去，都要平静接受，这才是聪明人的活法。路就在脚下，不管过去多么暗淡，不管未来多么辉煌，一切的过去都以现在为归宿，一切的未来都以现在为起点！

此时你已经在路上，你的成功之箭，是一味执着地坚持，还是学会了适当地选择合理的通向成功的路径呢？

卡里比是高原上经营果园的果农。每年他都把成箱的苹果以邮递的方式零售给顾客。一年冬天，高原上下了一场罕见的大冰雹，一个个色泽鲜艳的大苹果被打得疤痕累累，卡里比心疼极了。“是冒着被退货的危险寄货呢，还是干脆退还订金？”他越想越懊恼，并且歇斯底里地抓起受伤的苹果拼命地咬。忽然，他发觉今年的苹果比往年的苹果更甜、更脆，汁多味美，但外表的确非常难看。“唉，多矛盾！好吃却不好看！”他辗转反侧，夜不能寐。

一天，他忽然产生了一个创意。第二天，他根据构想的方法，把苹果装好箱，并在每个箱里附了一张纸条，上面写着“这次寄奉的苹果，表皮上虽然有点受伤，但请不要介意，那是冰雹的伤痕，这是真正在高原上生产的证据！在高原，气温往往较低，因此苹果的肉质较平时结实，而且产生一种风味独特的果糖。”在好奇心的驱使下，顾客们都迫不及待地拿起苹果，尝尝味道。“嗯，好极了！高原苹果的味道原来是这样！”顾客们交口称赞。

陷入绝望的卡里比所想出来的创意，不但化解了他面临的重大危机，而且令他收到了大量专门订购这种受伤苹果的订单。

每个人的生活，都会像卡里比一样不时地遇到意外的侵袭，会遭受挫折。原本你设想的完美计划，突然被干扰，无法继续实施下去时，你能够拥有卡里比的机智吗？

生活的挫折使人生的航向发生转变，但你要记住，这是一次

新的机遇，就连上帝也不能就此断定你已经走向失败。■

生活从不同情弱者，即使生活有一千个理由让你哭泣，你也要拿出一万个理由笑对人生。“不管风吹雨打，胜似闲庭信步。”只有这样才能保持一个平衡的心态，才能凭着自己破釜沉舟的斗志风雨兼程，才能凭着“可上九天揽明月，可下五洋捉鳖”的豪情勇往直前，才能开拓自己新的思路，寻找到新的出路。

☞ **自控小贴士**

作为年轻人，你未来拥有许多机会，在勇敢地迈出一步步的时候，要记住，即使偏离靶心也并不等于失败。

胖子和瘦子，哪个走枕木走得更远

走几步就看看脚下有没有印迹，口袋里是不是多了东西，这种急躁的心态只会让你走向气馁。

在这个流光溢彩的社会，在物质日渐丰富的今天，致富早已成为主流的话题，致富的能力成为衡量一个人综合能力的重要标准。不同的人对致富有不同的看法，激情、野心、性格、胆识、机遇，在一个人的奋斗过程中都占据着重要的位置，每个人对这些致富因素的肯定程度不尽相同，但是对一定要有远大的目标这点，大家很容易达成共识。

目标就是努力的方向，是拉动人向前奔跑的动力，没有方向谈何其他，方向错误，一切都是无用功。

在美国著名的哈佛大学，有这样一个非常著名的关于目标对人生影响的跟踪调查。对象为一些智力、学历、环境等条件差不多的年轻人，调查结果显示：

27%的人没有目标，60%的人目标模糊，10%的人有清晰但比较短期的目标，3%的人有清晰且长期的目标。

25年的跟踪研究结果，他们的生活状况及分布现象十分有意思。

那些占3%的人，25年来几乎都不曾更改过自己的人生目标。25年来他们都朝着同一个方向不懈地努力，25年后，他们几乎都成了社会各界的顶尖成功人士，他们中不乏白手创业者、行业领袖、社会精英。

那些占10%有清晰短期目标者，大都生活在社会的中上层。他们的共同特点是，那些短期目标不断被达成，生活状态稳步上升，成为各行各业的不可或缺的专业人士。如医生、律师、工程师、高级主管等。

其中占60%的目标模糊者，几乎都生活在社会的中下层，他们能安稳地生活与工作，但都没有什么特别的成绩。

剩下27%的是那些25年来都没有目标的人群，他们几乎都生活在社会的最底层。他们的生活都过得不如意，常常失业，靠社会救济，并且常常都在抱怨他人，抱怨社会，抱怨世界，这也使得他们失去了上进的力量，深陷于穷困的泥沼中。

生活中，人不能没有目标，目标能够给人以动力和欲望，它是人前进的永动机。在认识到树立目标这一意义的同时，我们也应该知道，目标有大有小，树立远大的目标和容易接近的目标有着不同的人生意义和作用。美国潜能成功学大师安东尼·罗宾说：如果你是个推销员，你给自己定的年薪是1万美元容易实现，还是10万美元容易实现呢？多数人经历后，得到的答案是10万美元。为什么呢？如果你的目标是赚1万美元，这肯定不是非常难以实现的，这就会使得你的眼界死盯着这1万美元的目标，结果思维和行动都局限在此，工作和计划都是按照这个目标来制订，那么你工作的积极性和创造力都将受到很大的限制，更不用说在开发自己的潜能方面所流逝的资本了。

在生活中，具有崇高的理想目标，为之在思想上和行动上付出艰苦努力的人，毫无疑问会比一个根本没有目标的人更有作为，这是被许多伟人的成功和卑微者的失败验证过的。记得有句苏格兰谚语这样说："扯住金制长袍的人，或许可以得到一只金袖子。"那些志存高远的人所取得的成就的大小虽不相同，但他们的脚步都会远远地离开起点，生存的状态也都较以前大有改善。在追求自己理想的旅途中，即使我们起先设定的目标没有完全实现，但是我们为之付出的努力，这本身就会让自己收获丰盈、受益终生。

但凡成就一番伟业的人，在事业的初期都有一个坚定的目标，他们知道自己的终点在哪里，方向在哪里，这使得他们的奋斗之旅更为笔直，少有诱惑。志存高远，目标清晰，这仅仅是成功的第一步，目标是一个人成功的战略，至于如何朝着既定的目标迈进就是战术问题了。假如你想要登上一座5000米的高山，你就应该考虑好什么时间要到1000米处，怎样继续到达2000米处，在合理分配体力的条件下，去向5000米发起冲锋。

有一位瘦子和一位大胖子在一段废弃的铁轨上比赛走枕木，看谁能走得更远。

瘦子心想：我的耐力比胖子好得多，这场比赛我一定会赢。开始也确实如此，瘦子走得很快，渐渐将胖子拉下了一大截。但走着走着，瘦子渐渐走不动了，眼睁睁地看着胖子稳健地向前，逐渐从后面追了上来，并超过了他，瘦子想继续加力，但终因精疲力竭而跌倒了。

最后，在极大好奇心的驱使下，瘦子想知道其中的秘诀。胖子说："你走枕木时只看着自己的脚，所以走不多远就跌倒了。而我太胖了，以至于看不到自己的脚，只能选择铁轨上稍远处的一个目标，朝着目标走。当接近目标时，我又会选择下一个目标，然后就走向新目标。"

随后胖子颇有点哲学意味地指出："如果你向下看自己的脚，你所能见到的只是铁锈和发出异味的植物而已；而当你看到铁轨上某一段距离的目标时，你就能在心中看到目标的完成，就会有更大的动力。”

人生也是这样，当我们拥有一个远大的目标时，我们要知道实现它不会是一朝一夕的事情。一个远大目标的实现是靠我们始终如一地盯着它，才能顺利走到终点的。同时，我们也应该懂得把这个远大目标在笔直的线段上加以分段，在特定的时期内给自己找一个通向终极目标的小目标。

有目标、有方向、有规划，这样的人无疑是离成功最近的人。一个人在心中有了一系列规划后，在表面看来和以前也许没什么不同，但是因为眼光看得远了，做事有步骤和条理了，也就有了责任心和主动性，他们会完全脱离那种得过且过的生活状态，激发自己的潜能并让其得到最大限度的发挥。

☞ 自控小贴士

生活在现实社会中，在实现自己的理想与目标的人生之旅上，一帆风顺是不存在的，虽然我们每个人都为之祈祷，但我们不能因此而忽略了其中的困难。法国著名将领戴高乐说：“目标已经在望，为了这个目标，我们遭受一些痛苦是值得的。在这以后，我们将会飞得更高，更远，更有力，然而，生活难道不就是这样吗？”正视现实中的困难，用志向高远的意志践行自己为实现目标而制订的计划，在迈出第一步的时候，知道下一步该迈向哪里，成功的脚总会比成功的路要长。

实现目标后，我们还应该做什么

灵魂如果没有确定的目标，它就会丧失自己。

在现实社会中，让自己变得更富裕，占有更多的金钱是大多数人追求的切实的利益。在通向富足的道路上，为自己制订一个符合实际的目标，是通向成功的第一步，也是人生多姿多彩、无限绚烂的开始，在实现目标的拼搏中，我们的人生意义得到了更好地诠释。

蒙田说："灵魂如果没有确定的目标，它就会丧失自己。"可见，一个人拥有自己的目标，对实现人生价值拥有何等的意义。

如果一个人没有明确的目标，他的日子就会过得浑浑噩噩，没有任何追求和动力，他只能把精力放在小事情上，而这些小事情又会使他忘记了自己本应做的事情，由此更加不能清醒地提升自己的志向。要想在致富和成功的道路上走得更快，让自己的人生更为精彩，除了知道要适时地给自己制订目标，以激发自己的力量和潜力外，如何实现目标才是更为关键的一步。

几十多年前，有一个十多岁的穷小子，他自小生长在贫民窟里，身体非常瘦弱，却想当一位政治家。如何实现这样的抱负呢？年纪轻轻的他，经过几天几夜的思索，拟定了这样一系列的连锁计划：

做美国州长是一个很好的目标：要竞选州长必须得到雄厚的

财力支持—要获得财团的支持就一定得融入财团—要融入财团就需要娶一位豪门千金—要娶一位豪门千金必须成为名人—成为名人的快速方法就是做电影明星—做电影明星前要练好身体，练出阳刚之气。

按照这样的思路，他开始刻苦并持之以恒地练习健美，他渴望成为世界上最结实的男人。3年后，凭着发达的肌肉和健壮的体格，他开始成为健美先生。

在以后的几年中，他成了欧洲乃至世界健美先生。22岁时，他进入了美国好莱坞。在好莱坞，他花了10年时间，利用自己在体育方面的成就，一心塑造坚强不屈、百折不挠的硬汉形象。终于，他在演艺界声名鹊起，当他的电影事业如日中天时，女友的家庭在他们相恋9年后，终于接纳了他这位“黑脸庄稼人”。他的女友就是赫赫有名的肯尼迪总统的侄女。

婚姻生活过了十几个春秋，他与太太生育了4个孩子，建立了一个“五好”家庭。2003年，年逾57岁的他，告老退出了影坛，转而从政，并成功地竞选成为美国加州州长。

他就是阿诺德·施瓦辛格。他的经历告诉我们，目标要远大，经营自己的过程却要稳扎稳打，在一个台阶上站好了，然后再瞄准下一步。

目标的实现需要一个循序渐进的过程，同时要利用自己起初的那一点微弱优势，开发它，扩大它，在某个方面专心行动，当在这个领域成为佼佼者时，你的成功也就来临了。

在实现自己的终极目标时，这一路上的每一个小小的成功，都会给予你欣慰和动力，增加你的信心，坚定你的信念，同时为你以后的前行之路加满油。在此之后，你还应保持自省与谦逊，在总结自己的得失后，踏踏实实地朝着下一个成功的小目标挺进。

最终的成功就是这样实现的，那些以为天上会掉馅饼或等着一朝暴富而不稳稳当当付出的人，是不会明白成功的基本模式的。

当然，在我们朝着目标前进的过程中，困难将依然存在。为了实现目标，开始会前进得很慢，很艰难，你会有很大的付出，你经常会失败，经常会失望，经常处于痛苦和沮丧之中。但这是一个自我改进的过程，在这个过程中，你的能力得到了充分的验证，你还会遇到很多新的事、新的人，让你整个人生和你所处的圈子发生变化。这也是一个蜕变的过程，虽然艰辛，但是收获会使我们的付出变得更有意义。其实，在目标实现时，你会发现，自己经过一路拼搏，成为什么样的人比自己得到什么东西更为重要和珍贵。

许多人都给自己制订了目标，而为目标努力践行无非有两种结果，实现了目标和在路途中放弃了。当自己制订的目标最终实现后，结果又会如何呢?

在英国伦敦，一位名叫斯尔曼的残疾青年，他的一条腿患上了慢性肌肉萎缩症，走起路来都很困难，可他凭着坚强的毅力和信念，创造了一个又一个令人瞩目的奇迹：

19岁时，他登上了世界最高峰珠穆朗玛峰；21岁时，他登上了阿尔卑斯山；22岁时，他登上了乞力马扎罗山；28岁前，他登上了世界上所有著名的高山……

然而，就在他 28岁这年的秋天，他突然在寓所里自杀了。

功成名就的他，为什么会选择自杀呢？有记者了解到，在他11岁时，他的父母在攀登乞力马扎罗山时不幸遭遇雪崩双双遇难。父母临行前，留给了年幼的斯尔曼一份遗嘱，希望他能像父母一样，一座接一座地登上世界著名的高山。

年幼的斯尔曼把父母的遗嘱作为他人生奋斗的目标，当他实现这些目标后，感到了前所未有的无奈和绝望。在自杀现场，人们看到了斯尔曼留下的痛苦遗言："这些年来，作为一个残疾人创造了那么多征服世界著名高山的壮举，那都是父母的遗嘱给了我一种坚定的信念。如今，当我攀登了那些高山之后，我感到无事可做了……"

斯尔曼在完成了目标之后，却失去了人生的全部。当然，斯尔曼只是一个个例，并不具有普遍意义。然而，我们可以从斯尔曼的故事中发现这一点：生命的意义，不仅在于不断实现人生的目标，更在于不断提升人生的目标。

斯尔曼的成功让众多的人敬佩，他为实现目标而艰苦努力的执着精神，更是让人仰视。然而，美中不足的是，他被自己起先制订的目标所束缚，不知道在实现目标后，树立新的目标。

自控小贴士

新东方创始人俞敏洪说：“人生的奋斗目标不要太大，认准了一件事情，投入兴趣与热情坚持去做，你就会成功。”这句话正在被众多的人坚守着、实践着，人们同时也享受着其给自己带来的喜悦与满足。努力实现目标，会让你的人生开出一朵绚烂的成功之花，而不断提升自己的目标，树立和挑战新的目标，会让你在人生之路的两旁，播撒下诸多成功之花的种子，它们会在努力的路上、在拼搏的季节开得芬芳，将你的人生之路点缀得花香弥漫，缤纷绚丽。

逆境是成功的助推器

信心和理想乃是我们追求幸福和进步的最强大推动力。自身有多少缺陷和不足，对应着就有多大的潜力。

命运总是喜欢捉弄人，翻开人类的成败史，我们经常会看到一个个戏剧性的故事结局——在向同一个目标奋斗的过程中，一些处于顺境、条件便利的人往往是失败者，而一些身陷逆境、生有缺陷的人却往往是成功之神的宠儿。

果真如此吗？细细研究，我们就会发现，其实机会之于二者是均等的，只是在“可能”与“不可能”的博弈对局中，前者志向不坚定，畏首畏尾、举棋不定，让本来优越的条件剑走偏锋，而后者则心“雄”志“壮”，矢志不移、化不利为有利，终于安全坐上成功的金銮殿。

虽然拥有雄心壮志不一定就能成功，但没有它绝对不能成功。思想是行动的种子，想是做的前提。就像汽车只有有了燃料才能向前跑、火箭只有有了助推器才能登上太空一样，一个人只有有了雄心壮志，才能冲破一切“不可能”的樊篱，战胜不利条件，甚至是自身的一些先天缺陷，一步步实现突破，迈向成功。

在加拿大历届著名领导人中，有一位享誉世界的“蝴蝶总理”。他就是加拿大第32届总理——让·克雷蒂安。可又有多少人知道这位杰出的领导人美丽称号背后的故事！

小时候的他，曾患有严重的口吃。当别的孩子都能自由地表达、尽情地玩耍时，他却只能偎依在妈妈的身旁，听妈妈讲故事，用无声的言语和书中的人物交流，然后结结巴巴吃力地向他唯一耐心的听众——妈妈，表达自己对书中人物的看法。

一次，他无意中从书上读到一篇关于蛹一步步蜕变成蝴蝶的神奇历程的故事，这则故事让他深有感触，连一只弱小的蛹都能变成美丽的蝴蝶，自己又有什么事做不到呢？于是他向妈妈结巴着一字一顿地说道：“妈妈，有一天我也要化蛹成蝶……”妈妈被他直面嘲笑仍有此追求的伟大志向和坚强信念感动得流下了泪，并鼓舞他：“孩子，没有你做不到的事情……”

从此，小让·克雷蒂安在妈妈的指导和帮助下每天口含石子，开始了刻苦的讲话训练。虽然很多次嘴角磨出了血，但他仍坚信着成为一只蝴蝶的可能，丝毫不动摇做一个杰出人物的雄心。他终于克服了先天的缺陷，练就了富有磁性的嗓音，并在后来的总理大选中，以绝对票数领先，实现了那个美丽的夙愿……

让·克雷蒂安并不是一个天才，甚至可以说是一个天生就有很多缺陷的“不正常”的人。对于大多数的普通人来说，由一个凡人跃升为总理，有几个人敢有这样的奢望、想法？而让·克雷蒂安靠着自己的雄心壮志的支撑，走出先天缺陷的泥沼，化蛹成蝶，实现了凡人都不敢企及的梦想。他那驶向成功彼岸的航船，载满了坚强、执着，也历尽了狂风恶浪、急流险滩，而正是坚定的信念给了他一往无前的力量。

别因为自身有缺陷、有不足，就对自己说“不可能”。邓亚萍虽然个子矮，不也在世界乒坛上叱咤风云吗？“只有想不到，没有做不到”，雄心壮志是潜能的挖掘机，更是行动的助推器。没有志向或是志向不坚定的人，是难以产生持久的奋斗动力的；胸有凌云壮志，自会有一种坚忍不拔的毅力，一股“仗剑出长安”的侠气。

英国有一个小女孩，天生胆小，尤其害怕夜里一个人走路。自从读完《居里夫人传》后，她对这位伟大的女科学家产生了深深的崇拜和敬佩之意，并立志要做第二个“居里夫人”。于是，她把想法告诉了妈妈，妈妈十分欣慰并鼓励她道：“孩子，一切都是有可能的，但你首先要勇敢，还要有毅力，经得起挫折和失败……”小女孩认真地点了点头，并努力按照妈妈的话去做。

8岁那年，有一次她和妈妈去集市买东西，快到家时，天色已经很晚了。她家的房子是一栋丛林掩映的红色小瓦房，虽然从房后看起来很近，但因为旁边杂草与荆棘丛生，时常还有刺猬等小动物出没其中，加上附近果园枝丫的遮挡，不仅行走不便，而且极易迷失方向，所以人们宁愿绕道也没有人从这儿走。那天傍晚，又要绕道时，小女孩突发奇想："能不能不绕道就到家呢？"于是，她倔强地拒绝了妈妈的劝告，一个人沿着房后，穿越丛生的杂草，结果真的赶在妈妈前面回到了家。这件事虽小，却大大增强了她追逐梦想的勇气。

长大后，在求学之路上她遇到的困难和挫折也越来越多、越来越大。当很多聪明的男孩在某些难题上放弃时，她却凭着自己的倔强劲，品尝着一一攻克它们的喜悦，并最终考上了令很多优秀学生都向往的英国著名的物理学研究院。

这是一个真实的故事，小女孩用自己的成长历程告诉我们：没有什么不可能，只要努力，谁都能实现自己的理想。

很多时候，我们缺乏的正是这种坚定的信念，一种不畏任何阻挠和压力直冲云霄的姿态，一种不卑不亢将壮志之根牢牢扎进信念沃土的底气。

☞ 自控小贴士

信心和理想是我们追求幸福和进步的最强大的推动力。石看纹理山看脉，人看志气树看材。山高高不过肩膀，路远远不过脚步。让雄心为前进的航船掌舵，让信念为前进的航船扬帆，相信人生的舞台没有配角，你就是天之骄子。

坚定心中的信念，忘记过往的苦难

“人间没有永恒的夜晚，世界没有永恒的冬天。”艾青的这句话告诉我们，所有的困难最后都能被化解，关键在于你是否勇敢坚持，不被脚下的荆棘缠绕。莎士比亚说过：“斧头虽小，但多次砍劈，始终能将一棵坚硬的大树砍倒。”

只要活着，希望就永远存在

哪怕只有百分之一的希望，我们也要作百分之百的努力！这是智者对生活的宣言。

生活中有五彩缤纷的颜色，其中最为绚丽的叫作永不绝望。即使是一个普通人，他的一生也会经历坎坷、饱受挫折，人生起起落落无法预料，当我们身处逆境时，千万不要忧郁沮丧，无论发生什么事情，无论你有多么痛苦，都不要整天沉溺于其中无法自拔，不要让痛苦占据你的心灵。困难来临时，我们要有勇气直面困难、打倒困难，以顽强的意志战胜困难。

无数成功的范例证明，那些相信自己并坚持到底的人，常常能够取得胜利。有人说过这样一句话："我不是为了失败才来到这个世界上的，我的血管里也没有失败的血液。"

如果经历一次失败，就失去信心，放弃努力，往往会功亏一篑，让成功与你擦肩而过。事实上，人生从来没有真正的绝境。无论遭受多少艰辛，无论经历多少苦难，只要一个人的心中还怀着一粒信念的种子，那么总有一天，他能走出困境，让生命重新开花结果。

尤利乌斯·马吉出生在苏黎世郊区的一个贫困的农家，异常窘迫的家境，让他没有读完初中，便开始了艰难的打工人生。然而，多年过去了，他唯一的特长只是像父亲那样磨面粉。父亲曾悲哀地对他说:“你这辈子就是磨面粉的命了。”

马吉不甘心地回答父亲:“不，我不会一辈子迈着沉重的步子，一圈圈地推着两扇磨。”父亲撒手而去时，留给他唯一的遗产便是那两扇简陋的磨盘。望着那转了无数圈的磨道，望着那两扇默默无言的磨盘，不服输的马吉思索着走出窘境的途径。

20岁那年，马吉从朋友舒勒医生那里得知——干蔬菜不会损失营养成分。他想:若将干蔬菜和豆类放在一起磨，一定会磨出富有营养的汤料。那样，岂不可以让那些家庭主妇们熬汤更快速、方便吗?

他立刻借钱购置了设备，开始磨自己想象的那种汤料。就这样，一个灵感加上果断的行动，马吉很快便赢得了人们难以想象的成功——最早的速溶汤料。产品一投放市场，便大受欢迎。然而，马吉仍不满足，他的眼睛继续紧紧盯着那两扇磨盘，思索着接下来该磨出什么样的新产品。经过反反复复地试验，他终于在1890年，磨出了可以改变沙司、凉菜、鱼肉、汤和配菜味道的万能调味粉。后来，他又磨出了广为畅销的浓缩肉食品。到1901年，他已是拥有资产超过亿元的大型跨国公司的老板。

在苏黎世大学举办的一次演讲中，马吉自豪地告诉人们:“即使命运只赠给我两扇简单的磨盘，希望也会给予我信心、智慧和执着，让我磨出亮丽的人生。”

即使生活只给了两扇磨，心怀希冀的人也会用自己的努力磨亮自己的人生。在这个充满竞争色彩的社会，最后的冠军永远都是那些百折不挠、被打倒了还会再爬起来的人。一次、两次不成，就再试几次。能不能成功，全看你能否坚持到底。多数人没有实现目标，原因就在于不能坚持。百折不挠的毅力，是成功人生的必备条件。

拥有坚定信念的人，希望更容易在他的心里扎根。生活中的一些人每当身陷困境时，悲观、失望就会立即爬上他们的心头，在自己给自己不断施加重压的过程中，希望的种子在他们的心中过早夭折，悲观的情绪则像黑色的墨水一样迅速浸染了他们本来就变淡的心。

生活中的智者都明白人的一生不可能常处顺境，有时候你会错失机会，你会被淘汰出局，但只要你继续参加比赛，不断地行走，不断地坚持，在拥抱着希望的同时，你就能感受到收获的快乐。

圣诞节这一天，吉米临时有事要去出差，在买火车票的时候，却被售票员告知票早已经卖完了。看着吉米一脸着急的样子，售票员就好心地劝解他：“你去候车厅转一转吧，没准儿还能碰上有人临时有事需要退票的呢。不过，像今天这样的日子，估计机会只有万分之一……”也只有这么一个办法了。吉米提起旅行箱，随着人流涌进了候车大厅。

可是，眼看着时间一分一秒地过去，还是不见有人说要退票。不过，吉米倒是非常有耐心地一直坐在位子上等着。当列车进站的广播响起来的时候，吉米只好提起旅行箱准备离开了，但他还是满怀希望地扫视候车大厅的每一个角落。就在这个时候，吉米突然看到：一个女人急匆匆地从门口处跑了过来，一边高高举着一张火车票，一边气喘吁吁地喊着："票……谁要火车票……"吉米乐了，赶紧跑了过去，一看，正是他需要乘坐的那列火车的票啊！原来，这个女人的孩子生病了，不能再冒着严寒外出，就跑来退票了。

坐上列车之后，吉米赶紧给家里的妻子打了一个电话，说："若不是我努力坚持着，从不绝望和放弃，也就抓不住这仅有的万分之一的机会了……"

☞ 自控小贴士

哪怕是只有百分之一的希望，我们也要作百分之百的努力！这是智者对生活的宣言。在追求成功的道路上，时时刻刻保有坚定的信念和坚持的毅力。每天给自己一个希望，就是给自己一个目标，给自己一点信心。每天给自己一个希望，我们将活得生机勃勃，激情澎湃。生命是有限的，但希望是无限的，只要我们不忘记每天给自己一个希望，我们就一定能够拥有一个丰富多彩的人生。

只要用心，到处都藏着成功的机会

在芸芸众生中，我们每个人都是一粒看似微不足道的种子，当我们在某个不期而至的瞬间降临到人世上后，除了不断挑战生活，其他的选择都显得索然无味。

每个人都会陷入生活的逆境当中，有的人能够迅速地从中走出，而有的人则会在其中越陷越深，找不到人生的解法。逆境是一种人人都不愿撞到的遭遇，同时，它也是每个人又必须面对的一项挑战。有人把挑战看成一种长期的、影响深远的威胁，其超出了自己所能控制的范围，这使他整日忧心忡忡。但无论陷入怎样的逆境，你都不应该绝望，因为前面还有许多个明天。乐观的人，在绝望中仍然满怀希望；悲观的人，在希望中还是绝望。

许多年前，美国人卡纳利在家里经营着一家杂货店，生意一直不好。年轻的卡纳利告诉他的父母，既然经营了这么多年都没有成功，就应该换一个思路，想想别的办法。他家附近有几所大学，学生经常出来吃快餐。卡纳利想，附近还没有人开一个比萨饼屋，卖比萨饼肯定能行。他就在自家的杂货店对面开了一家比萨饼屋。他把比萨饼屋装修得精巧、温馨，十分符合学生追求高雅情调的特点。不到一年的时间，卡纳利的比萨饼成为附近的名吃，每天都顾客爆满。他又开了两家分店，生意也很好。

卡纳利的胃口大了起来，他马不停蹄地在俄克拉荷马州又开了两家分店。但是不久，一个个坏消息传来，他的两个分店严重亏损。起初，他一个店准备500份，结果总有一半的比萨饼卖不出去。后来他又按200份准备，还是剩下很多。最后，他干脆只准备50份，仍然不行。最后，一天只有几个人光顾的情景也出现了。同样是卖比萨饼，两个城市同样有大学，为什么在俄克拉荷马州就失败呢?不久他发现了问题——两个城市的学生在饮食和趣味上存在着巨大差异。另外，在装潢和配方上面他也犯了错误。他迅速改正，生意很快兴隆起来。

在纽约，他也吃尽了苦头。他作了很细致的市场调查，但是比萨饼就是打不开市场。后来，他又发现，卖不动的原因是比萨饼的硬度不适合纽约人。他立即研究新配方，改变硬度，最后比萨饼成为纽约人早餐的必备食品。

从第一家比萨饼店算起，19年后，卡纳利的比萨饼店遍布美国，共计3100家，总值3亿多美元。

卡纳利说：我每到一个城市开一家新店，刚开始大多都是失败的，最后成功是因为失败后我从没有想过退缩，而是一步一步地坚强起来，我告诉自己一定要积极思考失败的原因，努力想新的办法。因为不能确定什么时候成功，所以你必须先学会失败。

面对逆境发出的挑战，你首先应该学会失败，懂得失败，从失败中看到下一次成功的身影。只要你持续不断地敲门，成功之门总会被打开。失败永远是成功的前奏，是成功的集结号，只要努力地将它吹得响亮，总有一天，你会和成功握手。

逆境不可避免，谁逃避逆境的眷顾，就意味着失去了选择成长和成功的契机。的确，在人生的每一次逆境中都隐藏着成功的契机。就像一粒种子，它的萌芽需要勇气、信心及创造力，同时更需要逆境——阻力。

有人说种子是世界上力气最大的植物。生理学家和解剖学家有一次要把人的头盖骨打开做个实验，可是它坚固得让人难以想象，用了许多办法都没能将其完整地分开。后来，有个做豆芽生意的人建议把一些植物的种子放到那个头盖骨里，然后把温度、湿度都调节好，让种子发芽。结果，意想不到的事情发生了：那些不起眼的种子竟然完整地将人的头盖骨分成了两块。

谈到力气大，我们总会自然地想到各种凶猛的动物，从没把这些微小的植物种子放在眼里。可是相对于它的体积，它的力量是世界无敌的。这种力是一般人看不见的生命力。它能屈能伸，富有韧性，虽身处逆境，但不达目的不罢休。因为生命是带着斗志来到这个世界上的，这就是种子精神——在逆境中，也要不断让自己成长、成熟，直至成功。

☞ 自控小贴士

在芸芸众生中，我们每个人都是一粒看似微不足道的种子，当我们在某个不期而至的瞬间降临到人世上后，除了不断挑战生活，其他的选择都显得索然无味。也许你有幸天生就拥有一个优良的生活环境，生于温室里，有人造的太阳光的抚慰。但大部分人都没那么幸运，都是夹在石缝里艰难地生长的。而在你破石而出的那一刻，你是否意识到，这是一次战胜逆境的结束，也是挑战另一个逆境的开始，是你尽快走向成熟的一个小小的台阶。

走泥泞的路，才能留下清晰的脚印

成功总跟在苦难的后面。生活原本如此，只有走过雨天，才能在彩虹下回望自己一路走过而留下的脚印。

人生的道路从来都是不平坦的，有辉煌的高峰，也有失落的低谷。我们的生活中充斥着各种可能与不可能的选择，每一个选择都是一段心路历程。卓越者习惯对自己说“我能行”，他们敢于迎难而上、不避风险，即使面前困难重重，他们也有坚定的信念作支撑，永远抱有成功的希望。在苦难面前仍能高昂起自己的头，不惧怕、不躲闪，这是强者的姿态，他们深深地懂得，成功的辉煌要用苦难来衬托才更显美丽。

“在战场上时就要勇敢无畏，失败时就要从头再来，胜利时要宽容敌人，和平时就要与人交善。”这是英国首相丘吉尔的一句名言，说的就是面对顺境和逆境时优秀的人应该具有的态度。当你走在平坦大道上，不浮躁轻狂；当面对逆境，亦不可一蹶不振。苦难是检验天才的试金石，贝多芬的作品流芳百世，与他人生中所经历的苦难不无关系，因为只有泥泞的路才能留下脚印。

鉴真是妇孺皆知的得道高僧，他刚刚剃度遁入空门时，寺里的住持让他做了寺里谁都不愿做的行脚僧。

有一天，日已三竿了，鉴真依旧大睡不起。住持很奇怪，推开鉴真的房门，见床边堆了一大堆破破烂烂的芒鞋。住持叫醒鉴真问：“你今天不外出化缘，堆这么一堆破芒鞋做什么？”

鉴真打了个哈欠说：“别人一年一双芒鞋都穿不破，我刚剃度一年多，就穿烂了这么多双鞋子，我是不是该为庙里节省些鞋子？”

住持一听就明白了，微微一笑说：“昨天夜里落了一场雨，你随我到寺前的路上走走看看吧。”

寺前是一个黄土坡，由于刚下过雨，路面泥泞不堪。

住持拍着鉴真的肩膀说：“你是愿意做一天和尚撞一天钟，还是想做一个能光大佛法的名僧？”

鉴真说：“我当然希望能光大佛法，做一代名僧。”

住持捻须一笑：“你昨天是否在这条路上走过？”鉴真说：“当然。”

住持问：“你能找到自己的脚印吗？”

鉴真十分不解地说：“昨天这条路又平坦又硬，小僧哪能找到自己的脚印？”

住持又笑笑说：“今天我们在这路上走一遭，你能找到你的脚印吗？”

鉴真说：“当然能了。”

住持听了，微笑着拍拍鉴真的肩说：“泥泞的路才能留下脚印，世上芸芸众生莫不如此啊。那些一生碌碌无为的人，不经风、不沐雨，没有起，也没有伏，就像一双脚踩在又平坦又硬的大路上，脚步抬起，什么也没有留下。而那些经风沐雨的人，他们在苦难中跋涉不停，就像一双脚行走在泥泞里，他们走远了，但脚印印证着他们行走的价值。”

听完，鉴真惭愧地低下了头。

哲人说，成功总跟在苦难的后面。选择泥泞的路才能留下脚印，不经历风雨，没有起伏的人总想在一片坦途上行走，终究不会有任何的收获。

在面对苦难的时候不退缩，有“扼住命运的咽喉”的信念，就会迎来人生的辉煌。在人生的路上，每一件发生在我们身上的事都可能是一次绝佳的机会。因此，即使遇到失败，我们也要学会转个弯，把失败作为成功的起点。

任何人在没有经历过磨难之前，都不会有所作为。在忍耐、坚持、战胜磨难的经历中，你逐渐成长。也只有在无数次的磨难中，在坚持与放弃的岔路口学会选择，你才能走向成熟。有些人低头了，于是他成了彻底的失败者，他不知道自己错过了“柳暗花明” 之后的“又一村” 。有些人坚信“这都会过去” ，于是他笑到了最后。生活原本如此，只有走过雨天，才能在彩虹下回望自己留下的一路脚印。

古希腊有一位国王，要求智者苏菲找出一句人间最有哲理的箴言，这句话必须浓缩了人生智慧且能够一语惊人，能让人无论在什么情况下，都能保持一颗平常心，得意但不忘形，失意但不伤神。

苏菲只沉思了一下，就答应了国王，条件是国王要将佩戴的那枚戒指赐予他。几天之后，智者苏菲就将戒指还给了国王，并再三叮嘱他，不到万不得已，别轻易取出戒指上镶嵌的宝石，否则它就不灵验了。

没过多久，邻国大举入侵，国王亲自率领部下拼死抵抗，然而寡不敌众，最终整个城邦沦陷于敌手，国王只得逃亡。有一天，国王在河边的茅草丛中掬水解渴时，猛然看到自己的倒影，不禁伤心起来——当初那个气宇轩昂、威风凛凛的国王，现在变成了蓬头垢面、衣衫褴褛的乞丐模样，这怎能不让人感到难过呢？国王越想越伤心，后来竟双手掩面想要投河自尽。这时他想到了那枚戒指，于是急忙抠下了上面的宝石，只见宝石里侧刻着一句话——这都会过去！

看到这句话，国王的心头重新燃起了希望的火花。这有什么大不了的，这一切终究都会过去的。从此，他忍辱负重，重新召集部下并东山再起，最终赶走了外敌，夺回了国家。当他重返王宫后，第一件事就是将“这都会过去”这五个字镌刻在象征着王位的宝座上。后来，这位国王无论再遇到什么事情，都能妥善处理。据说，他在临终前特意留下遗嘱：死后，他的双手要空空地露出灵柩之外，以此向世人昭示那句五字箴言。

人生在世，没有什么事情是永恒不变的。身处顺境时，要学会珍惜和感恩；身处逆境时，要学会坚强和等待。人要充满希望地生活下去，要不断提醒自己，这都会过去。这是老国王留给子民和后世的箴言。

☞ 自控小贴士

尼采说：“命运啊！请你让开，我充满信心地走过来了。”这是对生命中那些困苦的蔑视，他不相信命运，充满信心地走自己的人生之路。年轻的我们涉世未深，在人生的各个转折点上，更容易迷失方向。选择去尝试、坚持，勇敢地面对未知的磨难，优秀的人从来都相信自己，他们深知：泥泞的路才能有脚印。

接受不幸，正视困难

每个人都是被上帝咬过的苹果，之所以咬你更深，是因为独爱你的芬芳。

有人说，活着就是一种莫大的幸福。拥有如此胸怀的人，定是经过无数大风大浪后，坦然面对命运的智者。也许你早已意识到，在生活中，许多事情总不会按照我们预想的方式发展，许多不期而遇的磨难，给予强者坚实的臂膀，而给予弱者的，则是无限的畏惧与退缩。逆境可以锻炼人的能力，逆境可以磨炼人的毅力，逆境可以使人坚强，逆境可以使人成长。吃得苦中苦，方为人上人。乐观的人，把生活中一切不幸与磨难看作一笔财富，他们以洒脱的心情，看待上天给予的恩赐，把这样的财富，一笔又一笔，积蓄在人生的银行里，让自己的人生储蓄更为丰厚。

没有一个人不希望自己的一生能活得绚烂多彩，同时也无风无浪，事事顺利。但这本身就是一种矛盾。不要抱怨生活中的不幸不断出现，不要慨叹你的生活总是出现逆境，所有的苦难不会打倒一个强者，只会让他更坚强。

我们要告诉自己：任何现象的发生，都有它一定的原因。在紧急的情况下我们无法追究原因，也无暇追究原因，唯有面对它、改善它，才是最直接、最要紧的。也就是说，遇到任何困难、艰辛、不平的情况，都不要逃避，因为逃避不能解决问题，只有用我们的智慧和勇气把责任担负起来，才能真正从困扰的问题中获得解脱。

日本的船井先生大学毕业后，曾在几家公司工作过。由于他秉性倔强，经常和上司产生矛盾，最后便毅然离去。

船井先生充满自信而且有着卓越的才能，因而开始独立创业。但是，他主办的经营研究班开课后也没有人来听。后来他才深切体会到，别人依据的是招牌而不是个人实力。接着，他结了婚，有了孩子，却突然发生了妻子撒手而去的惨剧，抱着还在吃奶的孩子，他绝望了，感到自己已无路可走。

过了一段时间，他又有缘再婚，在开朗大度的妻子的支持下，研究班在流通行业中重新开始拓展市场。针对当时刚刚崭露头角的超市等流通行业，船井先生开始着手使其正规化的顾问工作，终于取得了连战连捷的战果。

不可否认，正是最初所有的不幸造就了今天船井先生的崛起，不惧生活的磨难，失败了站起来，所有的不幸只是五彩缤纷的生活中的一种颜色，对于用心生活的人来说，它只会是轻描淡写的一笔，而不会是人生的主旋律。

当不幸偶然侵袭，一味悲伤是改变不了现状的，一切都不可能再复原，与其一味悲伤导致第二次不幸，不如振奋精神，转换思路，积极向前开拓自己的人生。除此之外没有其他更好的可以改变现状的办法。

《我希望能看见》一书的作家波纪儿·戴儿在书中这样写道：我只有一只眼睛，而眼睛上还满是疤痕，只能透过眼睛左边的一个小洞去看。看书的时候必须把书本拿得很贴近脸，而且不得不把我那一只眼睛尽量地往左边斜过去……

然而，尽管生活如此困苦，但波纪儿·戴儿始终不肯接受别人的怜悯，更不愿意让别人认为她"异于常人"。

小时候，波纪儿·戴儿想和别的小孩子一起玩跳房子，可是她看不见地上所画的白线，只好在别的小孩子都回家以后，自己趴在地上用眼睛仔细地瞄来瞄去，从而尽量地把小朋友们所玩过的每一个地儿都牢牢地记在心里，很快她也就成为玩跳房子游戏的好手了。

在家里看书，波纪儿·戴儿把印着大字的书靠近自己的脸，以至于眼睫毛都要碰到书本了。正是凭着一股子顽强的拼搏劲儿，她先后获得了明尼苏达州立大学的学士学位和哥伦比亚大学的硕士学位。

在波纪儿·戴儿52岁的时候，一个奇迹发生了：在著名的梅育诊所施行一次手术之后，她的视力比以前恢复了40倍，一个全新的、可爱的、令人兴奋的美丽世界终于展现在了她的眼前。

波纪儿·戴儿像个小孩子一样不停地手舞足蹈，她发现：即使是在厨房里的水龙头下洗刷碗筷，也让自己特别开心。波纪儿·戴儿这样写道：我开始玩着洗碗盆里的肥皂泡沫，我把手伸进去，抓起了一大把的肥皂泡沫，我把它们迎着太阳举起来，可以清楚地看见：在每一个肥皂泡沫中，竟然都有一道小小的彩虹在闪耀着明丽的色彩……

☞ 自控小贴士

对于心中满怀希望，对人生有着美好憧憬的人来说，不幸在他眼里只是前行路途中的一粒粒小小的石子，偶然被踩到脚下，只是微微发硬，抬起脚，向前迈一步，一切都将成为过去。

信念，是人前进的最大动力

坚强的信念如生命之花在枯萎之际遇到的那一滴甘露，有它在，这朵花儿便不会凋零；它亦如一缕微风，有它在，便能唤起生命的滚滚春潮，解冻生命的万水千山。

人生有三大支柱：亲情、友情、爱情。然而，当有一天最爱我们的亲人突然离去，最值得信赖的朋友突然背弃了我们，最在乎的人也与我们分道扬镳，生命的大厦在风雨飘摇中岌岌可危时，我们该怎么办？别绝望，朋友，只要有信念与我们为伴，生命中就不曾有过绝望的身影。坚强的信念是生命里那根最强的支柱，只要我们不丢掉它，生命的大厦就有免于倒塌和重建的可能！

坚强的信念是生命的最强支柱，在于当“黑云压城城欲摧”之际，是它给予我们继续生存下去的理由；在于当我们身陷绝望山谷之时，是它给予我们从绝望中寻找希望的勇气和力量。

人活一世，总不会一帆风顺，坎坷与荆棘，是生活这盘大餐的配料，给予它更多的滋味，而这些磨难拼凑起来，就成了从地狱走向天堂的阶梯，也成就了你坚强的品质。经受一次磨难的洗礼，当战胜它之后，这个天梯就会增高一节，你也就会站得更高，看得更远。

有人说，只有磨难才能造就人才。磨难是刀，它剜人心，让人心如刀绞；磨难是石，它磨人意志，让人心如磐石；磨难是福，它是难得的财富，令你人生阅历丰富。在与磨难的抗争中坚持不懈，自始至终拥有坚强的信念，当目标的蜡烛燃烧到最后的时候，燃尽的是阻碍，闪烁的是成功的光芒。

杰克是一个普通的邮差，他始终坚信邮递员的职责不仅是向人们传递信件，更重要的是传递快乐。于是，每次出发前，他都要在自己的口袋里塞上一些纸条，上面写有许多鼓舞人心的话，诸如“微笑是最好的礼物”“忘记忧愁吧”…… 这使得他虽身处平凡的工作岗位却收获了人们回馈给他的快乐。

转眼“二战”爆发，他也想像年轻人一样奔赴战场，但由于年龄较大而被拒绝。他就申请到一家战地医院工作，救助那些伤员。由于战斗很激烈，很多伤员因抢救无效而死。看着医院里死亡的人数越来越多，杰克痛心疾首，在医院的墙上写下：“没有一个人会死！”

开始时，人们看到这条醒目的标语都很反感，因为每天死亡的人数还是有增无减，谁的心里都很悲痛和烦躁。但杰克不以为然。说来也奇怪，不久医院救活的伤员越来越多，最终医院的死亡人数实现了零。那些伤员的家属兴奋之余都很好奇，最后医院的院长向人们透露了秘密，答案就是杰克的那句话。院长说正是因为那句话，所有的医生和护士都以坚定的信念和平静的思绪，给予伤员最奋力的救助和最细心的照料，最终取得了令他们自己都难以置信的效果。

“没有一个人会死”，当这种形影相随的暗示被演绎为坚定的信念时，便铸成了所向披靡的利剑。没有治不了的病，没有救不活的伤员，医院前后的变化正说明了一切事情可能或不可能做到完全取决于我们的信念。

坚强的信念如生命之花在枯萎之际遇到的那一滴甘露，有它在，这朵花儿便不会凋零；它亦如一缕微风，有它在，便能唤起生命的滚滚春潮，解冻生命的万水千山。“古今成大事者，不唯有超世之才，亦必有坚忍不拔之志。” 坚强的信念，还往往是成功者的特别之处。

在一次新闻发布会上，一位拳击冠军向人们讲述了他的夺冠经历：

我第一次与人对打，是在18岁的时候，身高只有1.60米，而对手却是一个身高1.80米的30岁大汉。说心里话，当我跳上台去的时候，心想自己是绝对不可能打败他的。

果然，拳击开始后，对手的拳头又快又狠，几下子就把我打得满脸是血，没有还手之力，只有招架之功。

中场休息的时候，我劝自己干脆放弃得了，明知道自己打不过人家，如果硬要拿鸡蛋去碰石头，不是找死又是什么？但教练一个劲儿地鼓励我：“相信自己，你一定能够打败他的，只要努力坚持下去就可以了……”

教练的话深深地激励着我。再次上场的时候，我把自己整个儿地豁出去了，任凭对手的拳头雨点般地落在身上，我的脑子里只有一个念头：努力坚持下去。于是也开始了疯狂地反击。

慢慢地，我迷糊了，只觉得对手就是一团模糊的黑影，在我的面前来回地晃动。而我呢，什么也不顾了，逮着黑影就打，疯狂地打。

终于，对面的黑影不见了。迷糊中，只觉得又有一个黑影奔过来，一把拉起我的手高高举起来，欢呼着：“赢了……”

我这才回过神来，发现对手早已经趴在了地上。

从此之后，我就牢牢地记住了教练对我说过的话：“只要努力坚持下去就可以了……”

在现实生活中，磨难就是你需要搏击的一个强劲对手，你是被他威慑、打倒，还是勇敢坚定地击退他，这将决定你人生的高度。一个人，只要精神不减、意志不衰、信念不倒，肉体也就不会倒下。即使是处于非常恶劣的困境，只要你自己不放弃，而是继续努力地坚持着，那么最后的胜利就一定会属于你。

想拥有幸福的生活、成功的体验，我们就不能惧怕磨难，不能缺少坚定的信念。你要知道，困难会在不同的时间，光临每一个人的生活。生活中，你不会是最倒霉、最糟糕的那一个。遇到为难的事，遇到看似天塌下来的困难，你只需要以这件事为起点，坚定从头再来的信念，即使是山重水复又如何，总有柳暗花明又一村的时候。

☞ 自控小贴士

“盖西伯拘而演《周易》；仲尼厄而作《春秋》；屈原放逐，乃赋《离骚》；左丘失明，厥有《国语》……”纵览历史，每一个伟人都拥有一颗坚不可摧的心。“让生命的暴风骤雨来得更猛烈些吧！”这是强者的呼唤，这是意志的呐喊。没有人能把你打倒，除非你自己！

激励自我，每天给自己设定一个小目标

人生的时间、精力极其有限，想让有限的时间、精力造就人生最大的成功，就必须要拣对成功价值最大的事情去做。

很多人慨叹一生如白驹过隙，在睁眼与闭眼之间，就走到了尽头。垂垂暮年的老者无力再去改变自己的生活，在那个苍老的身躯中，那颗心虽然依然会时而异常跳动，但这种冲动就像汹涌的大浪一样，来得凶猛，消失得也迅速。

一生的时间有多长？有人说是一辈子，也有人说只是一天。

一位曾经到阿拉斯加拜访过爱斯基摩人的作家，回来之后向人们讲述了他在那里的一个见闻：

“永远不要问爱斯基摩人他多大了。如果你问的话，他们会对你说：‘我不知道，我也不在乎。’再追问下去，他们就会说：‘不到一天大！’爱斯基摩人相信，到了晚上入睡的时候，他们就死了。但在第二天的清晨醒来时，他们又重新复活过来，获得新生。因此，没有一个爱斯基摩人能活过‘一天’！也正因为如此，每一个爱斯基摩人的面容都不带忧愁和焦虑，他们快快乐乐地过着自己的每一个‘一天’。”

“不到一天大！”这并不是爱斯基摩人的一句玩笑话，仔细地回味这种“不到一天大”的心态与理念，你的心中一定会增添一份深刻的崇敬，甚至会感受到一种莫大的震撼。

把每一天都当作一辈子来过，我们才会万分珍惜宝贵的一天

的每一分、每一秒时光。把每一天都当作一辈子来过，那么，谁还会有时间去挥霍、去做些无用功呢？

人生的时间、精力极其有限，想让有限的时间、精力造就人生最大的成功，就必须要拣对成功价值最大的事情去做。也就是说，我们每天都要有清晰的目标可以追求。

目标不在远，不在多，而在于清晰有力，能给人以强烈的指引。目标对于成功者，犹如空气对生命，不可缺少。没有目标就没有成功，没有空气就不能生存。设定明确的目标，是所有成就的出发点，98%的人之所以失败，就在于他们从来没有设定明确的目标，并且也从来没有踏出们的第一步。有了明确的目标，并针对这一目标付诸行动，成功的希望便会青睐于你。

1871年的春天，英国医学院的学生威廉斯勒不明白应该怎么处理远大的理想和具体的身边小事，一个人应该有怎么样的做事态度才能成功。他的老师的一句话让他眼前一亮："最重要的，就是不要去看远方模糊的，而要做手边最具体的事情。"他这才恍然大悟：是啊，不论多么远大的理想，都需要一步步实现啊；不论多么浩大的工程，都需要一砖一瓦垒起来啊！

也就是从那一天开始，威廉斯勒开始埋头读书，两年以后，威廉斯勒以全校最优异的成绩毕业。毕业后他来到一家医院做医生。他认真对待每一个患者，对每一次出诊都一丝不苟。兢兢业业的态度和精益求精的精神，使他很快成了当地的名医。几年以后，他创办了约翰·霍普金斯学院。他把自己的人生态度贯彻到每一个细节里。许多专家学者慕名来到他的学院工作，使他的学院很快成为英国乃至世界最知名的医学院。威廉斯勒总是告诉他身边的人：最重要的是把你手边的事情做好，这就足够了。

每天都能做好手边的事，有几个人能够做到？在现实生活中，有些人并不是生来好高骛远，只是，在生活的重压下，眼前的一点点收获和利益不足以满足他们那颗强烈追求的心。于是，他们的眼光变得很长远，长远到遥不可及却又令他们异常渴望。不知不觉，高不成低不就成了他们的习惯，在对生活的憧憬中，偶然有一天他们低头发现，原来自己的每一天都荒废了，都在原地的小小的圈子里踏步，远走的是心，而不是自己的脚步。

给自己一个清晰而合理的目标——在较短的时间内、正常的努力幅度下，它是高高地踮脚就能够到的，这样的目标才会对你的人生有推进的作用。而那些看似远大，只能当作谈资而最终束之高阁的理想，对于它的过分追求，最终只是一种妄想。

哲人说，生活中的坎坷多是由自己、由心造就的。你之所以迷茫，甚至跌倒，多是因为你没有看清自己。清楚地认清自己的实力，选择一条适合自己走的路。每天积累一点点，成功就会更快降临。但你要知道，成功的尺度不是做了多少工作，而是做出了怎样的成果。确立了目标并坚定地“咬住”目标的人，才是最有力量的人。目标始终如一的人，能抛除一切杂念，聚积所有的力量，全力以赴地向目标挺进。把你需要做的事想象成是一大排抽屉中的一个小抽屉，你的工作只是每天拉开一个抽屉，令人满意地完成抽屉内的工作，然后将抽屉推回去。不要总想着所有的抽屉，而要将精力集中于你已经打开的那个抽屉。一旦你把一个抽屉推回去了，就不要再去想它了。

☞ 自控小贴士

用心把一天中最重要的那件事做好，执着地追求，你就会发现，你所有的行动都会带领你朝着这个目标迈进。在激烈的竞争中，如果你能做好一天中最重要、最清楚的事情，成功的机会将大大增加。

让自己成为黑暗中的那一簇光

生命本身就是一种对心灵的涤荡，到今天为止，你拥有的想法和你选择的心态，造就了现在的你；从今以后，你拥有的想法和选择的心态，将造就一个未来的你。

前行的路上，总要舍弃一些东西

人生就像在演戏，每个人都是自己的导演，只有学会选择和懂得放弃的人才能创作出精彩的电影，才能拥有海阔天空的人生境界。

有人说，人的一生，只有一件事不能选择——就是自己的出身。其他一切命运，都是自己选择的结果。人生就像是一份试卷，它有大量的选择题，不可不选而且不以分数计算。有时，A或B你都不想放弃，但它是一道单选题，所以你必须要有所选择和放弃。这时就要求我们冷静地思考，仔细地斟酌，最后再选出自己认为可能正确的答案。

古人有云："知人者智，自知者明。"所谓"自知"，意指正确认识和评价自身的实力与局限，正确选择力所能及之职。选择一个自己可能成功的方向，这样做起事来才能充满希望，也能使自己的潜力得到最大的发挥，从而达到事半功倍的效果。

古今中外很多取得巨大成功的人，都是睿智地选择了一个自己可能达到的目标，毅然决然地放弃了不适合自己的方向，然后克服了重重的困难最终走向了成功。

出生在英国伦敦贫民窟里的卓别林拥有一个十分悲惨的童年。就在卓别林10岁那年，父亲终因酗酒过度而身亡。小卓别林为了挣钱养家，先后做过杂货店的帮工、诊所里的佣人、书店里的伙计、印刷厂的徒工。

当母亲被送进疯人院后，11岁的卓别林就失去了家，他只能流浪街头，靠乞讨和卖艺为生。但卓别林的梦想是当一名演员，于是他放弃乞讨和卖艺所赚取的收入，放弃了这种不用努力工作也能活命的生活，即使生活困苦不堪，他没有后悔过。因为，他始终认为那是一条不可能实现自己梦想的道路，为了一个不可能而继续走下去，他的人生也将会永远悲惨下去。

他选择了做一名演员，那才是他真正的梦想。但是，这对于一个流浪儿来说，可以想象是多么艰难。就在别人认为不可能的情况下，经过卓别林的不懈努力，他从自身的经历和体验中创造了有人格、有灵魂的流浪汉这个形象，最终成为了全球闻名的喜剧明星。

卓别林选择了自己的梦想，并且经过他的努力以及自身特有的流浪汉的经历使这个梦想成真。他放弃了自己那种“不劳而获”的生活方式，放弃了通过博取同情和给人取笑轻而易举就能换取的收入，他选择了一个自己可能实现的理想，最终也选择了成功。

“不可能”是凡人的障碍，却是伟人的阶梯。所有伟大的成就在普通人的眼里都有一个共同的标签：“不可能！”而“不可能”的背面却写着：“没有什么是不可能的。”只要我们能够正确地认清自己，选择一个可能成功的方向继续前进，就一定能找到我们人生真正的出口。

没有选择，你的人生就是没有航标的小船，毫无目的地随波逐流。但是生活中仅仅学会了选择是远远不够的，你还要懂得放弃。选择是人生成功路上的指南针，学会如何运用它，你才不会迷失方向。放弃是智者对生活正确的选择，懂得怎样运用它，你才能更快地到达目的地。

巴尔扎克说："在人生的大风浪中，我们常常学船长的样子，在狂风暴雨之下把笨重的货物扔掉，以减轻船的重量。"这就告诉我们，在权衡了自身能力的情况下，我们应果断地选择一个"可能"实现的理想与目标，勇往直前。

一个小女孩来到沙滩上捡拾美丽的贝壳，没用多久，她手里已经满是贝壳，妈妈对女儿说："不要捡得太快，慢慢来，先把手中的贝壳放下，放在一边，等会你会捡到更美的贝壳。"小女孩的母亲想以此来告诉她：她要舍弃更多，不管她愿不愿意。

在我们的思维定式中，总以为一味坚持会让我们收获更多，所以对于放弃我们根本不加考虑。对坚持的情有独钟，使得人们把不轻易放弃作为固定的人生哲学，作为成功的唯一途径。因此，有很多人在面临抉择的时候总是不懂取舍，结果也因此而赔了夫人又折兵。

生命更沉重的负荷来源于哪里？归根结底还在于一种不愿舍弃的心理。我们总会听到身处职场的人经常抱怨："累啊，累啊！"

可他们就是舍不得放下压得自己喘不过气来的肩头重担，以为这样走到尽头才会是收获，才能获得生命的享受。殊不知中途有人承载不了负荷而被压倒，失去了寻找快乐的心，再也起不来了。

☞ 自控小贴士

“塞翁失马，焉知非福”是一种乐观、豁达的心态，是一种勇于放弃的智慧。放弃是顾全大局的果敢和胆识，是一种量力而行的睿智和远见。面对人生，我们是自己的导演，只有学会选择和懂得放弃才能彻悟人生，才能拥有海阔天空的人生境界。

让心先到达，一切都有可能

生活中有很多事情看似不可更改和不可实现——在许多时候这是事物给我们的错觉，我们被迷惑了。

在这个世界上，一些人成功了，轰轰烈烈；一些人却失败了，平平庸庸。究其失败的原因，并不是他们缺少智慧，也不是缺少机会，而是因为他们在通往成功的大道上，在突如其来的障碍面前丧失了坚持下去的勇气和信心，因为他们认为目标遥不可及，理想是不可能实现的。这样的心态使他们在到达成功的彼岸之前，黯然离去……

非凡与平庸的最大区别并不是在于身体的强健与否，而在于人的思想正确与否，人的心智清明与否。我们对世界的认知，以及感悟大自然的精神能量，使我们有能力为自己而创造美丽新世界。面对一座高山，让我们疲惫的往往不是遥远的路途，而是我们认为“不可能”到达的心态。

一位哲人曾经说过：“你的态度决定你的高度。”你用什么样的态度去对待某件事，其结果也会像你的态度一样。生活中许多事情的成败，并不是事情本身的困难大小决定的，而是由我们的心态决定的。如果为某件事情你觉得不可能办成，那么你就会失去尝试的勇气和动力，它也就真的变得不可实现了。如果你觉得某件事你可能做到，你能够通过自己的努力接近目标，在你勇于尝试之后，也许它真的就实现了。

曾经有位学者在一所小学里做过一个著名的实验。

新学年开始的第一天，这位学者让校长把三位教师叫进办公室，对他们说：“我这几天查看了你们过去的教学档案和成绩，认为你们是本校最优秀的老师。因此，我们特意挑选了100名全校最聪明的学生组成三个班让你们教。这些学生的聪明才智比其他孩子都高，希望你们能把他们带出来，让他们取得更好的成绩。”三位老师都高兴地表示一定尽力。校长又叮嘱他们，对待这些孩子要像对待其他学生一样，不要让孩子或孩子的家长知道他们是被特意挑选出来的，老师们都答应了。

一学年之后，这三个班学生的成绩果然名列整个学区的前茅。这时，校长告诉了三位老师真相：这些学生并不是刻意选出的最聪明的学生，而是随机抽调的。三位老师跌破眼镜，他们没想到会是这样，于是就都认为是因为他们的教学的功劳。没想到，更让这三位老师想不到的是，这时校长又告诉了他们另一个真相，那就是，他们三位也不是被特意挑选出的全校最优秀的教师，也不过是随机抽调的普通老师罢了。

故事中的这三位教师都认为自己是最优秀的，并且所带的学生又都是最聪明的，他们投入全部的信心和精力用于教学活动，对教学工作前所未有的热情使得他们工作起来非常卖力，取得好成绩也就成了理所当然的事情。

做任何事情，最怕的是对自己没信心，否定自己的能力，当面临一些挑战时，便以为自己做不了，结果当然是一事无成。反之，如果做事情之前充分地肯定自己，对自己充满信心，坚定地对自己说“我能，我行”，那么即使是一些以前从未做过的事情也能完成得很完美，甚至能创造奇迹。

不要随便否定自己，告诉自己，无论前方的路有多遥远、多崎岖，都能到达。要正确面对失败与挫折，认真总结经验教训，永不气馁。失败了并不可怕，可怕的是我们失败后不能采取一种正确的心态和行动。失败是每个人在前行路上必经的坎坷，不要因为一两次小小的失败就怀疑自己，看轻自己，否定自己。

在非洲中部地区干旱的大草原上，有一种体形肥胖的巨蜂。巨蜂的翅膀非常小，脖子也很粗短。但是这种蜂在非洲大草原上能够连续飞行250公里，飞行高度也是一般蜂类所不能及的。它们非常聪明，平时藏在岩石缝隙或者草丛里，一旦有了食物立即振翅飞起；尤其是当它们发现这一地区即将面临极度干旱的时候，它们就会成群结队地迅速逃离，向着水草丰美的地方飞行。

这种强健的蜂被科学家称为“非洲蜂”，而科学家们对这种蜂充满了好奇。因为根据生物学的理论，这种蜂体形臃肿而翅膀却非常短小，在能够飞行的物种当中，它们的飞行条件是最差的，从飞行的先天条件来说，它们甚至连鸡、鸭都不如；从流体力学来分析，它们的身体和翅膀的比例根本是不能够起飞的；即使人们用力把它们扔到天空去，它们的翅膀也不可能产生承载肥胖身体的浮力，会立刻掉下来摔死。

而事实却是，非洲蜂不仅能飞，而且是飞行队伍里最强、最有耐力、飞得最远的物种之一。

哲学家们对此给出了合理的解释：非洲蜂天资低劣，但它们必须生存，而且只有学会长途飞行的本领，才能够在气候恶劣的非洲大草原活下去。简单地说，若是非洲蜂不能飞行，它就只有死路一条。

什么叫“置之死地而后生”？非洲蜂给出了很好的回答。非洲蜂更让我们相信，对于执着顽强的生命来说，没有什么是“不可能”的。

让心先到达，不管是因环境所迫还是自己发自内心地积极主动，只要有一颗认为一切都可能实现的心，坚信脚永远比路长，取得理想的成就只是时间和机遇问题。

世上无难事，只怕有心人。有“心”就是要怀有一颗“可能”之心，世间并没有真正意义上的障碍，有的只是不同的选择、不同的心态。

有“可能”的态度，选择“可能”，就等于给自己一个敢于超越自我的机会，从某种意义上说，也是鼓舞自己向生命高地冲锋的一个机会，给自己一张出类拔萃的入场券。所谓“不可能”，也许只是自己在自我面前设立的一道障碍。只要你心怀可能，拥有足够的勇气，成功也许近在咫尺。

自控小贴士

所谓“不可能”，很多时候是事物给我们的错觉，我们被迷惑了。生命本身就是神奇的，每一个人的身上都蕴藏着无数的奇迹。

心不死，梦想就永远鲜活

在不断求索的过程中，因为我们年轻，我们怀有希望，失败并不会成为一件可怕的事情。年轻没有失败，失败了从头再来。

人生的路途千万条，每一条都有荆棘为伴。坚强者一往无前，无所畏惧，而失败者逡巡不前，最终选择寻找更为平坦的路。殊不知，艰苦的环境不一定就是人生的不幸，相反还会成为磨砺人生的砥石。

在现实生活中，当你看着别人走进成功的大门，享受功成名就的祝福时，你还在门外徘徊。只有你自己清楚，你的内心也是那样渴望成功，你也无数次在夜深人静的时候思考怎样实现自己的理想，怎样成功。你却又让无数的失望将你打败，让无数的困难将你绊倒，于是你落在平庸人的队伍中。

生命如此短暂，你甘心让它在无为中消逝吗？充分地肯定自己，拥有一颗坚强的心，拥有对成功的强烈渴望，跌倒时不沮丧，失败时不气馁，你很快就会迎来明媚的彩虹。

从前，在一座高山上的古庙里，生活着一位人人敬仰的智者。

这一天，一个在追求成功的道路上屡屡失意的年轻人艰难地爬上山来，向智者询问成功的秘诀。智者递给他一粒带壳的花生，说："来吧，用力捏碎它。"

只稍稍用了一点儿力，年轻人就把花生捏开了，饱满圆润的花生米一下子就蹦了出来。

但是，智者微微一笑，叫他再用力去搓花生米。年轻人也照着办了，搓下红色的花生皮儿，只留下了白白的果实。

智者再叫他用力去捏。年轻人甚是迷惑不解，但还是照着做了。但他不论如何用力，怎么也捏不碎这粒花生仁。

这个时候，智者才语重心长地告诉年轻人："虽然屡屡遭受打击与磨难，也失去了很多东西，但始终都要拥有一颗坚强不屈的心，只有这样才会有梦想成真的希望啊！"

失败和挫折是铸造强者的最好的磨具。只有经历过不幸、挫折、失败和痛苦的磨炼，努力打造心灵的韧度，把不幸和命运握在自己手中，才能在生活中做到宠辱不惊、镇定自若，在面对突发情况时临危不惧、冷静处之；才能使自己始终保持积极而平和的心态，不偏不倚、不疾不缓地朝着既定目标前行。

如果你的产业被大火付之一炬，在废墟中，你是否有勇气高唱：从头再来！东北的一位女士这样做了。

小刘自己创办了一家小企业，效益还算不错。但天灾让她瞬间一无所有。仅两个多月，一场无情的大火再次把她推入谷底。

那天，一阵急促的电话铃声把小刘惊醒："经理不好了，厂子着火了！"小刘眼前一黑，跌跌撞撞地跑出家门。距离工厂不远时，已经看到翻滚的黑烟直冲天空。她走入工厂，看到整个厂房都烧塌架了，工人们拿着水桶、脸盆还在救火，满身焦黑。在东北这个最寒冷的早晨，她无声地哭了。马上要交给客户的货都烧没了。但她更担心自己的工人，她让工人都站出来，挨个点名，得知都安然无恙后，她嘘出一口长气。

站在一片焦黑的瓦砾中，她沉思良久，走到工人面前，深深鞠了一躬，高声说："厂子和货都烧没了，现在如果有人想走，每人发二百元钱天亮就可以走。如果大家能留下来，我一定不会让大家失望的。一年后的今天，我为大家举行庆功会！"

工人们半晌没有吱声，这时不知是谁带着哭音唱了起来：心若在，梦就在，天地间还有真爱，看成败，人生豪迈，只不过是从头再来……是啊，这是为他们经理的行动唱的。她用行动唱了最动听的《从头再来》。18天后，人们看到工厂奇迹般浴火重生了。而且由于她很好的人际关系，工厂很快恢复了运转。

一个人一时的失败是在所难免的事情，其并不可羞、可悲，但如果不敢正视失败，一辈子活在畏惧失败的阴影里，那你永远也不能抬起头来。

在不断求索的过程中，因为我们年轻，我们怀有希望，失败并不会成为一件可怕的事情。如果你在失败后不敢再次尝试，在现实的苦难中变得越发软弱，你心甘情愿地停留在现有的状态，平淡的生活会磨去你对美好的生活的向往。

☞ **自控小贴士**

一分耕耘，一分收获，这是再浅显不过的道理。而只有真正用心付出、用心努力的人，才能拥有更多的收获。努力去做，就算是这次失败了也不要灰心，记住一句话："年轻没有失败，失败了从头再来。"

不拿自己的短处为难自己

如果你的眼里充满对生活的希冀，那么，即使在命运的玩笑中，你也能高昂着头，跨过心灵的绊马索，不断地充实自己和超越自己。

在竞争的环境中成长起来的我们，在比、学、赶、帮、超的同时，也不经意地多了些复杂的心理。很多人容易嫉妒，相反，也有那么一小部分人容易自卑。在竞争的路上不断比较，在得与失的笑与悲之中，有些人逐渐失去了最初的目标，失去了真实的自我。

有竞争，就有成功和失败。特别是在生活压力越来越沉重的今天，每一点小小的收获，每一步小小的成功，对我们都很重要，让我们不敢轻易松手和作出其他选择。也正是因为过于看重获得的利益，害怕失去，以至于让很多人逐渐畏怯去选择看似更好的机遇，因此他们的人生在此停滞不前。

更有甚者，在某一次不幸成为竞争的失败者或淘汰者后，他们就失去了再一次站起来的能力和勇气。从此，自卑和胆怯占据了他们的内心，在希冀成功的到来时，多少没了些底气。

其实，成功的机会对于每个人都是公平的，关键看我们如何对待它。只有克服畏怯和自卑感，在可能成功时充分相信自己，才能将成功紧紧地攥在我们的手心里。面对一件将去做的事不要考虑过多，甩开自卑，抛去畏怯，相信自己，勇敢地迈出第一步，你的命运或许就此改变。

在现实生活中，畏怯和自卑感往往会让一个人与成功的机会失之交臂，抱憾终生。害怕与陌生人交谈，害怕在大庭广众之下发表自己的观点，害怕与别人不一样……渐渐地，我们消失在大众的眼中，躲在角落里为心中的那份理想默默地努力奋斗着。

俗话说，金无足赤，人无完人。既然如此，何必因为自卑或缺乏自信而抹杀了你所有的“闪光点”呢？每个人都具备走向成功的条件，而是具备成功者心态的人却不多。而只有看到自己所拥有的，不自卑于自己所没有的，才能跻身于成功者的行列。

这是一场特殊的演讲会，她站在台上，双手不规律地在空中挥舞着；她的嘴张着，偶尔也会咿咿唔唔地说些什么。她是一个不会说话的人，但是她的听力很好，只要有人说出她的意思，她就会激动得歪歪斜斜地向他走来，送给他一张她自己制作的明信片。

她是一位自小就患脑性麻痹的病人。脑性麻痹在夺去她肢体的平衡感的同时，也夺走了她发声讲话的能力。从小，肢体的残疾给她的生活带来了诸多不便，众人异样的眼光更是令她难堪。然而她并没有被这些外在的痛苦击败她内在奋斗的精神，接受命运造成的既定事实，她并不自卑，更不畏怯，充分相信自己在艺术方面的天赋，经过常人难以想象的努力，终于获得了加州大学艺术博士学位。

一个学生小声地问她，“请问黄博士，你怎么看待自己的残疾？你都没有怨恨吗？”“我怎么看自己？”她在黑板上写下这几个字，她写字时有股力透纸背的气势。写完这个问题，她回头看看发问的同学，然后嫣然一笑，又龙飞凤舞地写了起来：

①我很可爱！

②我的腿很长、很美！

③爸爸妈妈很爱我！

④我会画画!

⑤我会写稿!

⑥还有……

……

她接着在黑板上写道，“我只看我所有的，不看我没有的。”

掌声由学生群中响起，她倾斜着身子站在台上，满足的笑容，从她的嘴角荡漾开来，有一种永远也不被击败的傲然，写在她脸上。她就是黄美廉。

很少人的生活是残酷的，很少人像黄美廉这样身体残疾。但能像她这样坚强自信的人并不多。面对自身的缺陷，她没有感到自卑；面对生活中的重重困难，她没有畏怯。她以一种永远也不被击败的傲然姿态面对生活。

“我只看我所有的，不看我没有的。”多么掷地有声的一句话。哲人说，上帝是公平的，给谁的都不会太多。关键是你怎样看待自己的一生和命运。

从前，有两个小孩子，一个叫赛迪，他很聪明，学什么东西一点就通，因此颇为骄傲；另一个叫迈克，有些笨，一直都在用功，却很难进入前几名，于是就显得自卑了。不过，迈克的母亲总是鼓励他：“如果你总是以别人的成绩来对照自己，那你始终也不过是一个‘追逐者’。有时候，虽然奔驰的骏马在起初的时候呼啸在前，但最终抵达目的地的，往往是那些充满耐心和毅力的骆驼。”

慢慢地，赛迪和迈克都长大了，但奇怪的是：以聪明自诩的赛迪，一生业绩平平；而有些笨的迈克，尽量在各个方面充实自己，一点一点地超越自我，最终成就了非凡的业绩。这就使得赛迪愤愤不平，以至于很快就郁郁而终了。

赛迪的灵魂随风飞到了天堂，他气呼呼地质问上帝：“你也知道的，我的聪明才智远远超过了迈克，应该比他更伟大，可为什么你让他成为人间的卓越者呢？”

上帝笑了，说：“可怜的赛迪啊，你到死都没有弄明白：我在把每个人送到人间之前，就已经在他生命的‘褡裢’里放了一件相同的东西，这就是世人常说的‘聪明’。只不过，我把你的聪明放在了‘褡裢’的前面，所以你看到自己的聪明之后就开始骄傲自大起来，以至于贻误了你的一生；至于迈克，我把他的聪明放在了‘褡裢’的后面，他因为看不到自己的聪明，也就只有一个劲儿地仰头看着前方了，所以他一生都在不停地迈步向前，最后取得非凡的成就也在所难免了！”

☞ 自控小贴士

在生活中，不管遇到什么事情，你都要坚信，任何一个人，都有着自己独特的秉性和天赋，也都有着自己实现人生价值的切入点和突破口。如果你只能看到眼前的优势，因此而沾沾自喜，从而束缚了手脚，那你很可能就无法取得更大的突破。反之，如果你的眼里充满对生活的希冀，那么，即使在命运的玩笑中，你也能高昂着头，跨过心灵的绊马索，不断地充实自己和超越自己。

我们要向往完美，而不是苛求完美

“没有最好，只有更好”，这是强者追求完美生活的宣言。

列夫·托尔斯泰说过：“人类的信仰在于自强不息地追求完美。”完美与平凡都是人类的特质，也是人类的追求，这两者听上去天壤之别，实际上却分不出哪个更重要。有的人追求完美，却披着平凡的外衣活着；有些人向往平凡，却登上了写满了完美的人生舞台。

现实生活中的大多数人都生得平凡、活得平凡，虽然有些人具有追求完美、实现价值的心，但多数都在看到成功的曙光之前不自觉地选择了放弃。完美的生活离我们到底有多远？衣食住行的基本消费都已经压得我们喘不过气来，其他的追求似乎只能被束之高阁，把其奉在曲高和寡的地位了。

人的一生有多长呢？有人说是一辈子，有人说是几十年。不管我们的生命在这个世界上能存在多久，我们都无法避免地要面对一些成长中的问题。在成长中我们思考着自己的人生，感悟着这个世界的万千变化。就在不知不觉中，白发已经爬上了我们的鬓颊，成熟的脚步悄然走到了我们的身前。无暇思索青春的放荡不羁与年华的白驹过隙，这时的我们不再为了自己而生存，更多的是为了我们的家人。清风系不住流云，要走的终究要走，要来的也终究会到来。在面对生命的奄奄一息时，那时我们的人生已无力再强颜欢笑。

世界上不存在完美无瑕的事物，人生也是如此。追求完美，不仅往往难以实现，还会让自己身心疲惫。但是，如果没有努力向完美靠近的态度，没有怀着“我要做得更好”的信心，也很难企及成功。

著名的伯爵表公司的理念是：“永远要做得比要求的更好。”成功学家陈安之则说：“要永远做得比要求的更多，更好。”

在美国西雅图的一所著名教堂里，有一位德高望重的牧师。有一天，他向教会学校一个班的学生们讲了下面这个故事：

有一位画家，举办过大大小小十几次的个人画展，也参加过上百次的集体画展。但无论参观者多少、有没有获奖，他的脸上总是挂着开心的微笑。

于是，有记者问他：“你为什么天天都这么开心呢？”

没想到，他微笑着反问起记者来了：“我为什么要不开心呢？”而后，他对记者讲了自己儿时经历过的一件事情：

我小的时候，兴趣非常广泛，画画、拉手风琴、游泳、打篮球，样样都想学，还都想得第一。这当然是不可能的了。于是，我整天闷闷不乐，学习成绩也开始一点一点地下滑。

父亲知道了，但他没有责骂我，只是找来一个小漏斗和一捧玉米种子，告诉我说：“看好了，我要给你做一个试验。”父亲让我双手放在漏斗下面接着，然后捏起一粒玉米种子投到漏斗里面。“哗啦”，玉米种子顺着漏斗落到了我的手心里。父亲投了十几次，我的手中也就有了十几粒玉米种子。然后，父亲抓起满满一大把的玉米种子丢到了漏斗里面。那么多的玉米种子相互挤压着，竟然一粒也没有掉下来。

最后，父亲意味深长地对我说道："这个漏斗代表你，如果你想把所有的事情都挤到一块儿来做，结果往往连一粒种子也收获不到，假如你每天都能做好一件事情，那么每天你就会有一粒种子的收获和快乐。每天都如此，你的人生就会在积攒快乐中日臻完美。"

一个人活在这个世界上，平平庸庸是一生，轰轰烈烈也是一生。为什么平庸者是大多数，卓越者却寥寥无几呢？因为大多数人缺少不断追求完美生活的心态。

每个人都有极大的潜能。正如心理学家所指出的，一般人的潜能只开发了2%~8%，像爱因斯坦那样伟大的科学家，也只开发了12%左右。一个人如果开发了50%的潜能，就可以背诵400本教科书，可以学完十几所大学的课程，还可以掌握二十多种语言。这就是说，我们还有90%左右的潜能还处于沉睡状态。谁要想出类拔萃、创造奇迹，仅仅做到尽力而为还远远不够，必须竭尽全力才行。努力向更高、更远的目标迈进，才有可能获得更大的成功。

生活中，我们常常满足于现状，接受已经不错的情况和境遇；工作中，安于稳定的收入和不错的职位，没有想过自己的工作是否可以做得更好一些，自己是否应该去追求更完美的生活。

其实，只要你把目标定得高一些，对自己的要求更高一点，做到最好并不难。你想要得到什么样的生活，你才会努力去追求那样的生活。

“没有最好，只有更好”，这是强者追求完美生活的宣言。我们追求更好、更完美，最重要的不是是否能真正得到最完美的结果，那样毕竟是非常难得的，而是我们拥有这种永不满足、永远积极进取、积极向上的努力的态度。

☞ 自控小贴士

苛求完美是一种死板心理，而追求完美则是一种积极的态度，人生永远不能放弃对完美生活的追求，因为只要你懂得努力、寻求方法，你就可以无限地接近梦想中的完美生活！

看清自己的价值，不能妄自菲薄

人活于世，每个人都有自己的价值，都是独一无二的，切不可因为在某方面逊色于别人就失去自我。

曾听过这样一个故事：

有一天，国王心血来潮，到花园里散步。当他看到花园里面的景象时，不禁吃了一惊！过去绿意盎然、花团簇锦的花园，竟然变得无比荒凉。于是，国王疑惑地询问园丁，究竟发生了什么事，花园怎么会变成这样。

园丁说：“我尊敬的国王啊！这是因为橡树认为它比不过松

树的高大，所以死了；松树因为比不过葡萄秧能结果子，所以也死了；而葡萄秧因为不能像橡树一样直立，因此也死了；至于其他的植物花卉，也都是因为各有比较而死去了。最终，花园因此而渐渐荒凉了。”

忽然间，国王发现花园里的草仍然生机蓬勃，不免又好奇地问园丁：

“为何其他的植物都枯死了，只有这一片草地仍然绿意盎然呢？”

园丁微笑着说道：“这是因为小草们并不想成为松树、橡树、葡萄秧或者其他植物，它们知道自己的价值是什么，所以也只想做它们自己而已。因为这样的想法，所以，它们自然就生机蓬勃，绿意盎然！”

每个人都想做高大的树木，都想攀升到高处，感受一览众山小的感觉。但生活的现实，总会让你处于一个劣势地位，跟别人相比，自己的日子过得捉襟见肘。于是就有许多人觉得自己一无是处、毫无建树，一生都会如此庸庸碌碌。

殊不知，每个人都具有世界上独一无二的价值，没有任何人、事、物能够取代我们，也没有任何人、事、物能够贬低我们，除非我们自己看轻自己、自己贬损自己。

人活着就应该善待自己，在低潮时给予自己鼓励。在人生的旅程中，我们无法避免诸多的挫折，但是不管那些无情的打击如何使我们痛苦、受伤、难堪，我们都不应该忘记自身的价值，更不应该妄自菲薄。

有一个出家弟子跑去请教一位很有智慧的师父，他跟在师父的身边，天天问同样的问题："师父啊，什么是人生真正的价值？"问得师父烦透了。

有一天，师父从房间拿出一块石头，对他说："你把这块石头，拿到市场去卖，但不要真的卖掉，只要有人出价就好了，看看市场的人出多少钱买这块石头。"

弟子就带着石头到市场，有的人说这块石头很大，很好看，就出价两元钱；有人说这块石头，可以做秤砣，出价十元钱。结果大家七嘴八舌，最高也只出到十元钱。弟子很开心地回去，告诉师父："这块没用的石头，还可以卖到十元钱，真该把它卖了。"

师父说："先不要卖，再把它拿去黄金市场卖卖看，也不要真的卖掉。"

弟子就把这石头拿去黄金市场卖，一开始就有人出价一千元钱，第二个人出一万元钱，最后被出到十万元钱。

弟子兴冲冲跑回去，向师父报告这不可思议的结果。

师父对他说："把石头拿去最贵、最高级的珠宝商场去估价。"

弟子就去了。第一个人开价就是十万元钱，但他不卖，于是二十万元钱，三十万元钱，一直加到后来对方生气了，要他自己出价。他对买家说，师父不许他卖，就把石头带了回去，并对师父说："这块石头居然被出价到数十万元钱。"

师父说："是呀！我现在不能教你人生的价值，因为你一直在用市场的眼光看待你的人生。人生的价值，应该在每个人自己的心中，我们只有先拥有最好的珠宝商的眼光，才可以看到真正的人生价值。”

每个人都有属于自己的独特的价值，善待自己的人，懂得自身价值的大小绝不在于别人的评价，而是在于我们给自己的定价。

坚持自己崇高的价值，接纳自己，磨砺自己。给自己成长的空间，每个人都能成为“无价之宝”。

黏土在天才的手中变成了堡垒，柏树在天才的手中变成了殿堂，羊毛在天才的手中变成了袈裟。如果黏土、柏树、羊毛经过人的创造，可以成百上千倍地提高自身的价值，那么你为什么不能使自己身价百倍呢?

哲人说，我们的命运如同一颗麦粒，有着三种不同的道路。麦粒可能被装进麻袋，堆在货架上，等着喂给家畜；也可能被磨成面粉，做成面包；还可能播种在土壤里，让它生长，直到金黄色的麦穗上结出很多颗麦粒。人和一颗麦粒唯一的不同在于：麦粒无法选择是变得腐烂还是做成面包，或是种植生长。而我们有选择的自由，有行动的自由，更有心的自由。我们不该让生命腐烂，也不会让它在失败、绝望的岩石下磨碎，任人摆布。

☞ 自控小贴士

善待自己的人知道，每个人都是一座宝藏，重视自己的价值，并不断开发和提升它，平庸的人生就不会属于自己。

参考文献

[1]高原.自制力：如何掌控自己的时间与生活？[M].南京：江苏文艺出版社，2013.

[2]林均伟.自制力：根治拖延瞎忙没时间[M].北京：北京时代华文书局，2014.

[3]李锦清.自制力：不做性格的奴隶[M].北京：中国华侨出版社，2014.

[4]菲尔图.你不是迷茫，而是自制力不强[M].北京：化学工业出版社，2017.

[5]陈伯菡.心理学自制力[M].北京：中国法制出版社，2015.